青春文庫

絶滅と進化のサバイバル

生きもののすごい話

おもしろ生物学会[編]

青春出版社

はじめに

私たちホモ・サピエンスは20万年前に誕生した。遠い昔に感じるかもしれないが、地球上に生命が誕生したのは36億年前。生物の歴史から見れば、私たち人類など〝たかが20万年〟しか生息していない新参者なのだ。

地球に生命が誕生して以来、多くの生物が命の連鎖に失敗してきた。実に99％の生物は絶滅したと言われている。絶滅と聞くと物騒に感じるかもしれないが、生物史では日常茶飯事。長期間にわたって命を後世につないでいくのは大変なことなのである。

ダーウィンは、生存競争という激しいサバイバルの中で「環境に適応できない生物は自然淘汰される」と言った。そして、環境に適応した生物が生き残ることを「進化」と定義づけた。

本書は、生物がなぜ絶滅したのか、そして生き残った生物はどのように進化したのかを説明したものである。

そもそも進化とは何か、かつて5回起きたと言われる大量絶滅事件、生物の進化の過程、そして人類はどのようにして進化するに至ったのか――。

つまり、本書は生命36億年という想像もつかない長い歴史のドラマを「絶滅」と「進化」をキーワードに綴ったものでもあるのだ。

知識として頭に入れてもらうだけでも十分価値があるだろう。

しかし、現在の自分の置かれた状況と照らし合わせて読むと、世界の見え方が大きく変わるはずである。生命の壮大なドラマを楽しんでほしい。そして、そのドラマが現代にどのようにつながっているのかを感じ取ってほしい。

私たちが何気なく見ているあの動物が、どれだけ必死に生き残ってきたのか。

私たちが当たり前だと思っているこの日常が、どれだけの奇跡の上で成り立っているのか――。

必死に戦ってきた生物の先輩方から、私たちが学べることはたくさんあるはずだ。

2018年7月

おもしろ生物学会

絶滅と進化のサバイバル

生きもののすごい話

目次

はじめに……3
生きものの歩んだ歴史◆年表……12

第1章

進化のメカニズム

進化は予想より早いペースで起こっている？

そもそも進化ってどういう意味？……18
ダーウィンの進化論がスゴイこれだけの理由……21
化石は何を教えてくれるのか……26
動物の行動も進化する……29
オスとメスにわかれているってデメリット？……33
生きものは遺伝子にあやつられている？……37
生命に、生と死の中間が存在する？……40

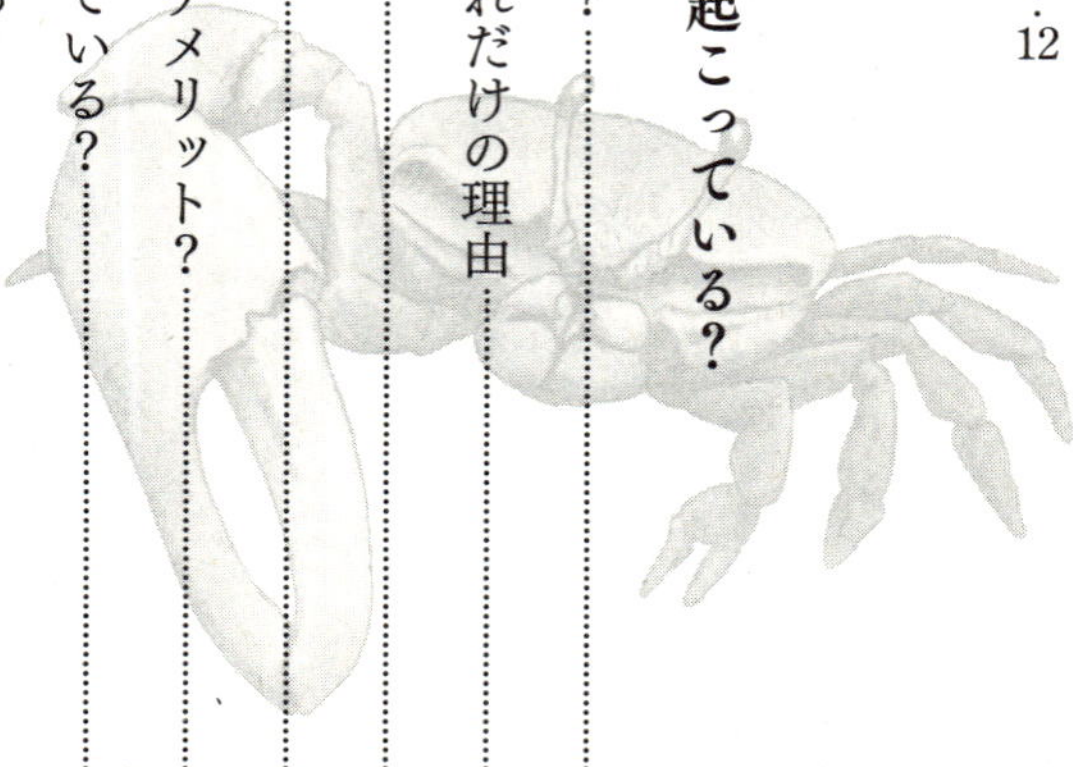

モテるためなら……。残念な生きものの進化……43
もともと海にいた生きものが陸に上がったきっかけって？……47
進化は予想より早いペースで起こっている？……50

第2章 大量絶滅とはなにか

地球上の99％の生物が滅んでいた？

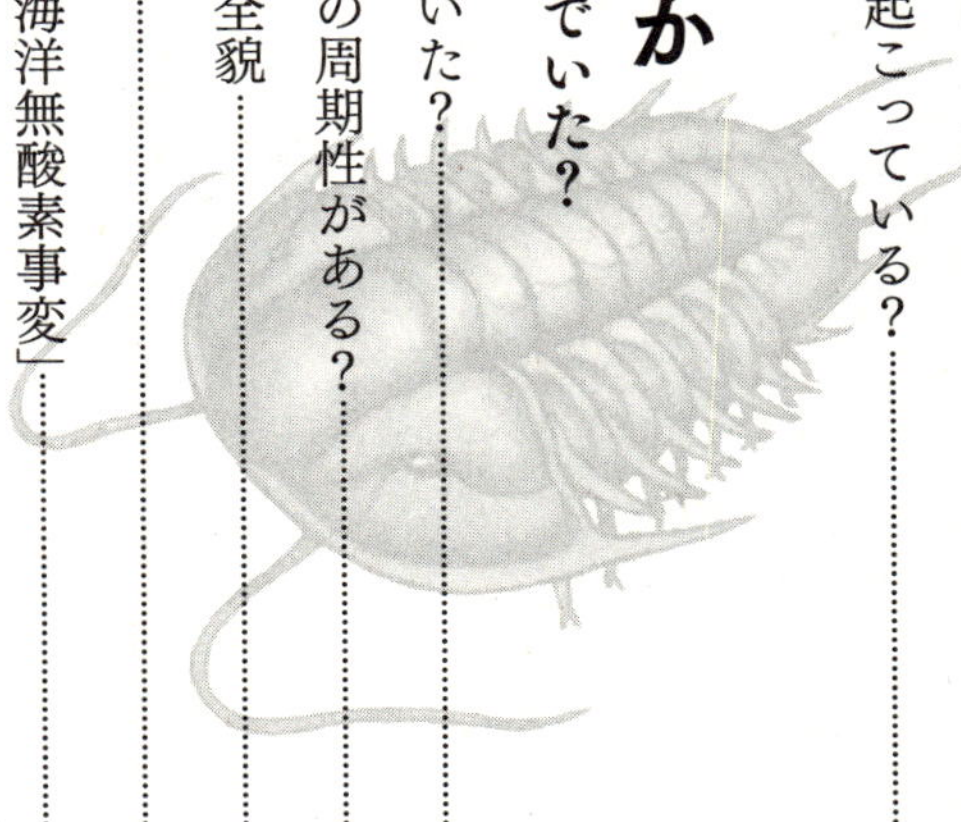

地球上の99％の生物が滅んでいた？……56
大量絶滅は2600万年ごとの周期性がある？……59
地球全体が凍っていた時代の全貌……64
最初の大量絶滅の原因とは？……68
海の生物が次々に絶滅した「海洋無酸素事変」……72
史上最悪の大量絶滅はペルム紀に起きていた？……76

大量絶滅は生きものの進化の予兆？……80
恐竜が隕石で滅びたというのは本当か？……83
6度目の大量絶滅が現在進行中？……87

第3章 進化の歴史

進化が止まっていた空白の10億年

最初の生命はどうやって生まれた？……92
爆発的な進化を遂げたカンブリア紀の謎……95
「視覚の誕生」によって生物が殻を持つようになった？……99
生きものの「意識」が生まれたのはカンブリア爆発から？……103
生きものの巨大化の秘密を解く鍵は「酸素」？……106
進化が止まっていた空白の10億年……110

恐竜と哺乳類、その後の進化とは？……113
初期の恐竜のサイズは大きくなかった？……117

第4章 絶滅していった動物たち

突如としてマンモスが消えた原因

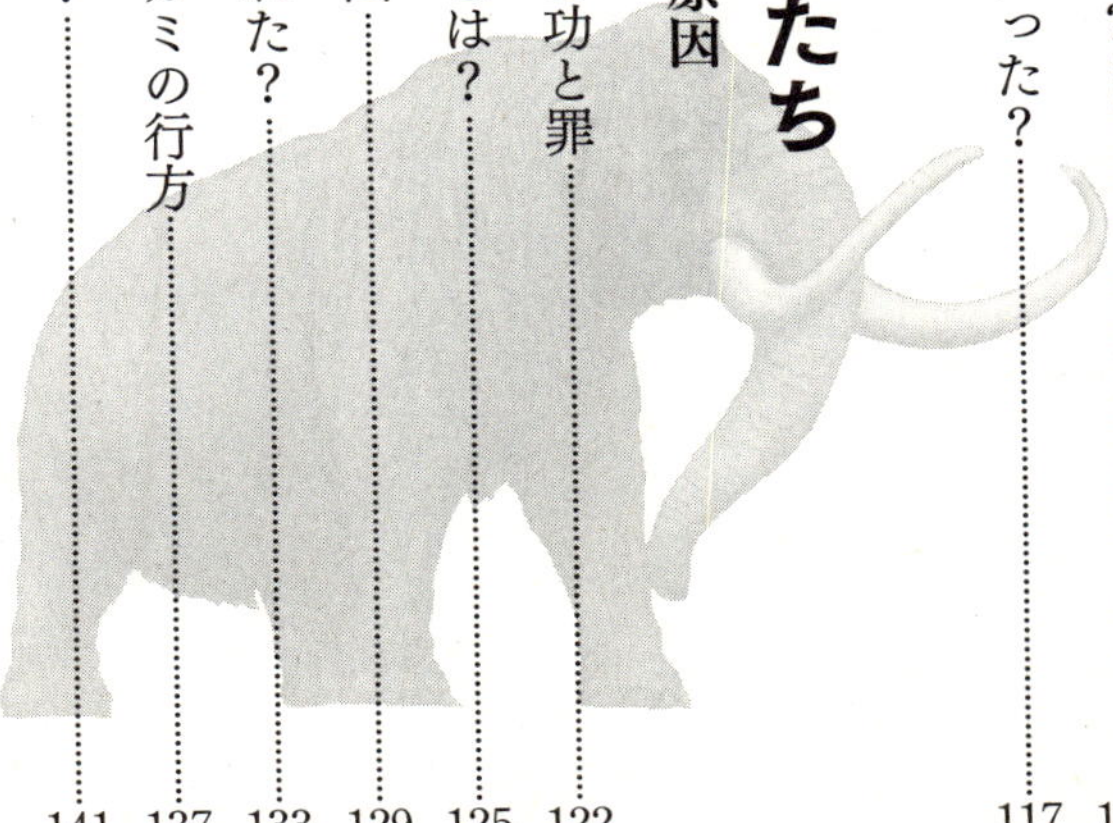

カンブリア紀に起きた絶滅事件の功と罪……122
正体不明のエディアカラ生物群とは？……125
突如としてマンモスが消えた原因……129
ドードーは人間によって滅ぼされた？……133
絶滅していない？　ニホンオオカミの行方……137
コノドントとは何者だったのか？……141

第5章

生物の進化の不思議

恐竜の子孫が鳥って本当？

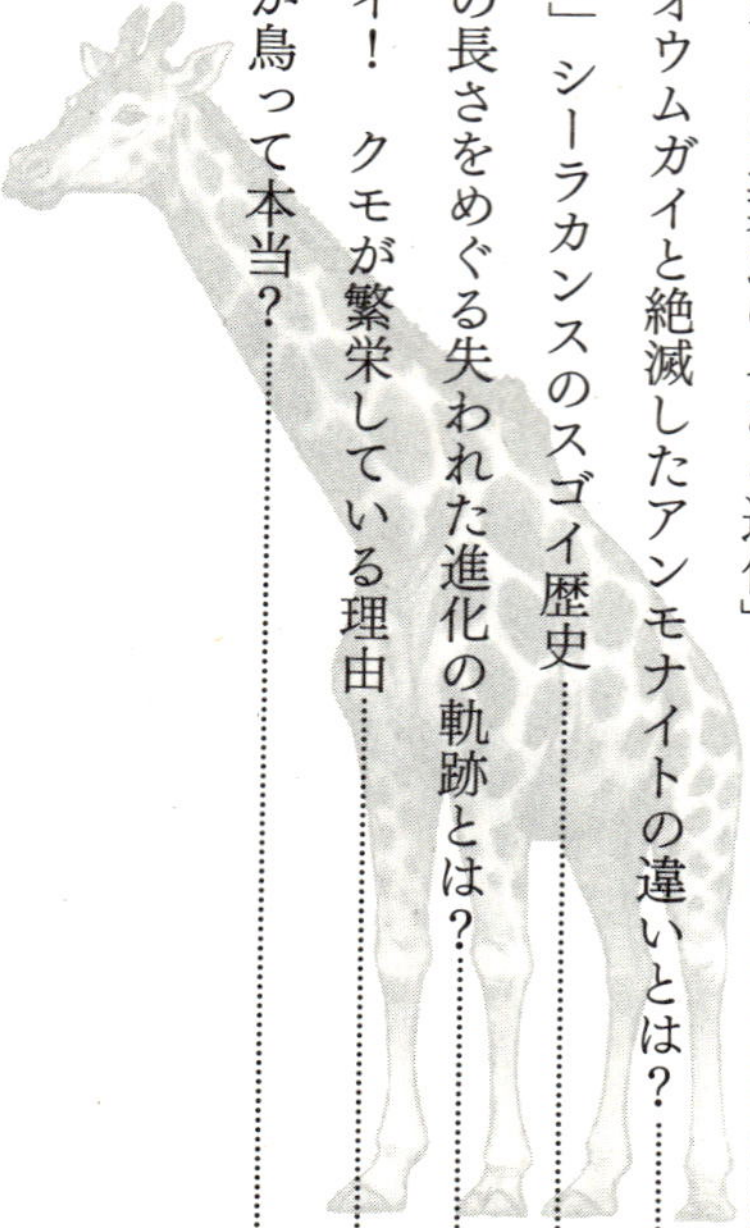

3億年生き延びた三葉虫の「ある進化」……146
生き残ったオウムガイと絶滅したアンモナイトの違いとは？……149
「生きた化石」シーラカンスのスゴイ歴史……153
キリンの首の長さをめぐる失われた進化の軌跡とは？……156
地味にスゴイ！　クモが繁栄している理由……160
恐竜の子孫が鳥って本当？……163

第6章 人間の進化

脳の松果体に残るヒトの第三の目の痕跡とは？

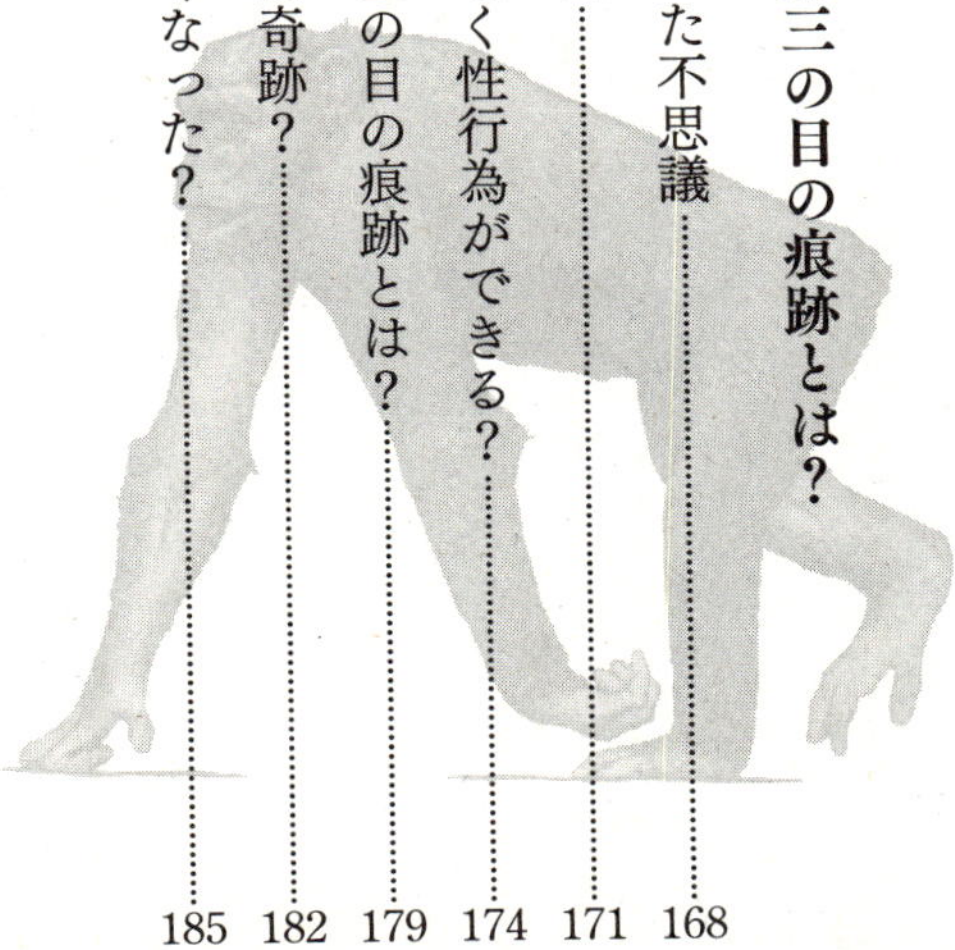

ホモ・サピエンスが生き残った不思議……168
人間が二足歩行を始めた理由……171
なぜ人間だけ排卵期に関係なく性行為ができる？……174
脳の松果体に残るヒトの第三の目の痕跡とは？……179
人間の血液型が複数あるのは奇跡？……182
調理したから人間はより賢くなった？……185

生きものの歩んだ歴史◆年表

地質年代		年前	主なできごと
先カンブリア時代	冥王代	46億年前	地球誕生
	始生代	40億年前	
		36億年前	最初の生命誕生
	原生代	25億年前	シアノバクテリア誕生 (光合成により酸素が発生)
		22億年前	一度目のスノーボールアース現象
		7億年前	最初の動物誕生
		6億3500万年前	二度目のスノーボールアース現象
		6億年前	エディアカラ生物群誕生

顕生代		
古生代		
カンブリア紀	5億4000万年前	カンブリア爆発（殻や視覚の発生）
		三葉虫誕生
オルドビス紀	4億8830万年前	カンブリア紀の大量絶滅
		オウムガイ誕生
シルル紀	4億4370万年前	オルドビス紀の大量絶滅
デボン紀	4億1600万年前	
	4億年前	動物の陸上進出開始
		シーラカンス誕生
	3億5920万年前	デボン紀の大量絶滅

地質年代			年前	主なできごと
顕生代	古生代	石炭紀	3億5920万年前	巨大昆虫の発生
		ペルム紀	2億9900万年前	超大陸パンゲア誕生
			2億5100万年前	史上最大規模のペルム紀の大量絶滅
	中生代	三畳紀		恐竜の出現
			2億100万年前	超大陸パンゲア分裂開始
			1億9960万年前	三畳紀の大量絶滅
		ジュラ紀		恐竜の全盛期

顕生代										
中生代		新生代								
白亜紀		古第三紀		新第三紀		第四紀				
1億4500万年前	6600万年前		2303万年前	400万年前	258万年前	200万年前	20万年前	1万年前	現在
	白亜紀の大量絶滅（恐竜の絶滅）	哺乳類の繁栄		マンモス登場		ヒト属誕生	ホモ・サピエンス登場	マンモス絶滅	

カバー・本文イラスト▼川崎悟司
本文デザイン・DTP▼伊延あづさ・佐藤純（アスラン編集スタジオ）
編集協力▼青木啓輔（アスラン編集スタジオ）

第1章

進化のメカニズム

進化は予想より早いペースで起こっている？

そもそも進化ってどういう意味？

進化はただの「変化」にすぎない

そもそも進化とはどういう意味なのだろうか。生物学的な意味の進化とは、生物が時間の経過と共に「変化」することである。

進化が起こるための最も重要な条件は子孫を残すことだろう。進化とは生きている生物単体で起こるものではなく、世代を通じて起こる環境への対応のことなのだ。

今、地球上には私たち人間を含め、何百万という種類の生物が存在している。しかし、これらの生物はすべて元をたどると、地球上に最初に登場したたった一つの生命だった。そこから環境の変化などに応じつつ、各々が進化した結果、現在の地球にいるさまざまな種類の生物へと進化したのである。

注意しておきたいのが、進化と進歩は似ているようで大きく異なること。進歩とは、「より良い方向に前進する」という意味。進歩前より進歩後の方が優れている。だが、進化はただの「変化」にすぎない。進化後が進化前より優れているわけではなく、ただ環境の変化に応じて身体も変化しただけなのだ。生物は、より良い生物になろうと思って進化しているわけではない。

退化は進化の反対語ではない

「退化」という現象がある。響きはネガティブで、「進化」の反対語のようなイメージを受けるが、そうではない。実は「退化」も「進化」の一部なのだ。

先ほど述べた通り、進化とは「種が変化すること」であり、進歩とは別物だ。退化も器官の数や大きさが縮小する、単純化するなどの変化を表した言葉だ。決して、退化によって生物が劣化したわけではないのである。

退化のわかりやすい例として、寄生虫が挙げられる。寄生虫は腕や脚などの運動器や消化器など身体中のほとんどの器官が退化している。寄生した相手から栄養をもらえるので、こういった器官が必要ないのだ。しかしその分、寄生する相手を見つけるための感覚器や生殖機能は発達しているのである。
人間にも退化の跡はたくさん見受けられる。人間には尾てい骨という骨があるが、これは進化の過程でサルの尻尾の部分が退化したものだと言われている。
ヘビに足がないのも、元々トカゲに似た生物だったものが、進化の過程で足を退化させ、足をなくしたからだと言われている。

このような例からわかるように、退化とは決して悪いことではない。寄生虫や人間、ヘビが退化したことで以前より劣っているわけではないのだ。余計な器官を退化させることで、エネルギー消費を抑え、効率よく生きられるように「進化」しているのがわかるだろう。

進化と退化は反対語ではなく、そもそも言葉の指す対象が違う。「進化」は生物に対して使う言葉だが、「退化」は器官に対して使う言葉なのである。「生物が進化する過程で、器官が退化している」と考えると、腑に落ちるのではないだろうか。

ダーウィンの進化論がスゴイこれだけの理由

最初に進化論を唱えたのはダーウィンじゃない？

ダーウィンは「進化論の父」と呼ばれているが、実はダーウィンの前にすでに進化論を唱えていた人物がいる。それがフランスの博物学者のラマルクである。

ラマルクは「用不用説」という進化論を唱えた。よく使う器官は発達し、使わない器官は退化するというのだ。

たとえば、ゾウの体は大きいため、水や食物を得るためにいちいち屈んでいては負担がかかる。そこで、屈まないで水や食物を得るために、ゾウの子孫の鼻はどんどん長くなっていった。このように獲得した性質が、生殖によって子孫に受け継がれていくことを「獲得遺伝」と呼ぶ。

しかし、この用不用説は、現在では遺伝学の発達によって否定的な声が多い。動物学者のワイスマンが行ったネズミを使った実験は有名だ。ワイスマンはネズミの尻尾を切って、そのネズミに子どもを産ませた。その後も25世代にもわたりネズミの尻尾を切り続けたが、尻尾のないネズミは生まれなかった。環境に適応する形で遺伝が変化するのであれば、尻尾のないネズミが生まれてくるはずだ。

ただし、この実験に対しては、実験期間が短すぎるという批判がある。もし、100年以上実験し続ければ、何らかの成果が出たかもしれないというのだ。

用不用説に関しては否定的な声が多いが、それでもラマルクが生物学上で初めて進化を認めたという実績は大きい。生物学史を変えた偉大な学者の一人であることは間違いないだろう。

ダーウィンが唱えた自然選択説とは？

「進化論の父」と呼ばれるダーウィンも、初めから進化論を考えていたわけではない。むしろ、最初は「すべての生物は神がデザインした」というデザイン論を唱えていたのだ。

ダーウィンの考えが変わったきっかけはビーグル号という船でさまざまな地域の生物や化石を観察したことだ。化石の生物がすでに存在しないこと、地域が近いと動物の在り方も近くなることから、「進化」という概念にたどり着いた。

ダーウィン

そしてダーウィンは、ラマルクが用不用説を唱えた約50年後に、有名な『種の起源』という本の中で、「自然選択説」という「進化論」を唱えたのである。

これは、生存競争の結果、生きていくのに有利な特徴を持った個体が、不利な特徴をもった個体より多く生き残ることで、生物の特徴が少しずつ変化していくというのだ。

たとえば、ゾウの鼻は元々長くなか

ったことがわかっている。しかし、その中からある日鼻の少し長いゾウが生まれることになる。このように生物が子孫を残すときに、親から少し変化することを「変異」と呼ぶ。

鼻の長いゾウと長くないゾウでは、屈まないで水や食物を得られる鼻の長いゾウの方が生き残りやすい。鼻の短いゾウは環境に対応できず滅びたが、鼻の長いゾウはその特徴を子孫に残して生き残った。この過程が進化であると唱えたのだ。

ラマルクは、用不用説によって生物がより完全になっていく、つまり良くなっていくことを進化と捉えた。しかし、ダーウィンにとっての進化とは環境に適応することが重要で、生物として良くなることを目的とはしていないのだ。

ダーウィンが進化論の父と呼ばれるのは、進化のメカニズムを初めて理論的に説明したからだ。進化という概念は、キリスト教信仰を否定することになるため、その根拠をたくさん用意していたのである。

今でもアメリカやイギリスではダーウィンの進化論を信じていない人はたくさんいる。それだけ、キリスト教と進化論は相容れないのだ。

もちろん、ダーウィンの進化論も完璧なものではなく、特に遺伝については当時解明されていなかったこともあり、現代の有力な説から見ると間違っている点もある。変異の起こるメカニズムについても言及することはできなかった。

その後、メンデルによって遺伝のメカニズムが明らかになり、進化論自体も進化していくことになる。

だが、これだけ科学が発展した現在でも、進化論の原点はダーウィンであることから、「進化論の父」と呼ばれることも納得できるだろう。

化石は何を教えてくれるのか

化石とは生命の痕跡のこと

絶滅と進化を語る上で欠かせないのが化石の存在だ。化石を実際に見たことある人もいるだろうが、そもそも化石とは何だろうか。

化石を一言で表現すると、「生命の残した痕跡」である。一般的にイメージされやすいのが昔の生物の遺骸《いがい》だろう。もちろんこれも立派な化石だが、それだけではなく、昔の生物が活動した痕跡、たとえば足跡も化石と呼ばれている。

化石は私たちにさまざまなことを教えてくれる。昔に恐竜が存在したなんて、もし化石が存在しなければ誰も信じない絵空事として扱われていただろう。

現在、明らかになっている絶滅と進化に関する説のほとんどは、化石に基づいて導き出されたものだ。化石が存在しなかったとしたらダーウィンも進化論を唱えることはできなかっただろう。

遺骸はいつから化石になる？

とはいえ、生物が生きた痕跡であれば現代にもたくさんある。最近死んだ動物の遺骸を化石だと呼ぶ人はいないのではないだろうか。

何を持って化石とするかについては、「約１万年前の更新世までの地質年代のものか否か」を基準に判断されるという説がある。

地質年代とは、地層によって分類された時代のことで、先カンブリア紀・古生代・中生代・新生代に大きく分けられている。これら４つの時代の中でも、さらに細かく時代は分類されており、更新世は新生代に含まれている。

これらは、地層の中にあった化石をもとに分類されている。地層の中の化石を観察すると、明らかに生物の容態や数が変わっていくポイントがある。生物の絶滅や進化が大量に起こっているからだ。そのポイントを元に、時代を区分しているのだ。

化石がキレイに残っているのを当たり前だと思っている人がいるが、これは大きな誤りである。博物館などにある化石は確かにキレイだが、これは特別に保存状態の良い化石を展示しているにすぎない。

ほとんどの化石は、長い時間の中でさまざまな影響を受け、原型をとどめていない。それでも化石として残っているだけまだ良い。ほとんどの生物は化石として残ることすらないのである。

生物は死んだ直後から、崩壊を始める。その崩壊を食い止め、生きていたという証を残すことこそが化石なのである。死後何年という基準自体は存在しないが、ある程度の年数が経たないと化石と呼べないのは間違いない。

動物の行動も進化する

カラスが道具を使ったわけ

長い間、道具を使うことができるのは人間のみだと考えられてきた。しかし、１９６０年代には、チンパンジーも石で木の実を割るなど道具を使えることが明らかになった。今では、チンパンジーの短期記憶能力は人間以上という結果も出ているから驚きだ。

そして、何より世界に衝撃を与えたのが、１９９２年にカラスも道具を使えることが明らかになったことだ。カレドニアガラスは、木の裂け目にいる幼虫を食べるため、適当な枝を折った後に、くちばしで細かい枝をすべて取り外しフック状にする。そのフック状の枝で裂け目から幼虫を取り出すのである。

こういったチンパンジーやカラスの行動も進化の過程で生まれたと考えられる。もし、カレドニアガラスが道具を使えなければ、幼虫を食べられずに死んでしまったかもしれない。

個体差で生き残れるかが決まる

例えば、人間で考えてみよう。信号のない横断歩道を渡るときのことを想像してみてほしい。車が近づいて来ているのに果敢に渡ろうとする人もいれば、まだ車が遠くにいるのに不安で渡れない人もいるだろう。

私たち人間がそうであるように、動物も同じ種類だからといって、同じ出来事にまったく同じ反応をするわけではない。

試しにネズミやリスに近づいてみるとわかりやすいかもしれない。ネズミやリスは、基本的に自分より圧倒的に大きい人間が近づくと身の安全を守るために逃避する性質がある。

カレドニアガラス

しかし、個体によってその逃げる基準はバラバラなのである。人間がかなり近づいてもまったく逃げない果敢な個体もいれば、近づく前にすぐに逃げてしまう臆病なものもいる。

こういった行動の違いは、遺伝によって決まる。両親の行動パターンに似る傾向にあるのだ。

そして、行動の違いは生死に直結する。果敢な性格が故に、相手に捕まってしまうこともあるだろう。逆に、臆病すぎると常に逃避しているため、食糧を見つけられなくなるかもしれない。

つまり、大事なのはどのタイミング

で逃避するかというバランスである。バランスをきちんととった行動ができる動物が生き残っていく。逆に果敢すぎたり臆病すぎる行動をとる動物は自然淘汰されてしまうのだ。

ダーウィンの進化論と合わせて考えると、動物の行動が進化するということも理解しやすいのではないだろうか。

ただし、動物の行動を観察する上で一点だけ注意が必要だ。それは、動物を擬人化しないこと。動物の行動は複雑な場合もあるが、だからといって人間のように行動一つひとつに動機を持っているとは限らないのである。

オスとメスにわかれているってデメリット？

性が存在する四つのデメリット

生物にオスとメスが存在する理由は、生物史の大きな謎の一つだ。生殖で遺伝子を残すためだと思われるかもしれないが、そんな単純な問題ではない。

もし、遺伝子を残すためだけに性が存在するとしたら、オスもメスも存在せずに不定期に生殖する「無性生殖」の生物は存在しないはずだ。

さらに、奇妙な点がある。性が存在する理由、つまり性のメリットについては未だに明らかになっていないが、性のデメリットについては現段階ですでに明白なのである。性のデメリットは四つ挙げることができる。

まず、一つ目のデメリットは、手間がかかることだ。「無性生殖」であればパートナーを探す必要はない。「有性生殖」であるがゆえに、私たちはお互いに配偶者を探す必要があり、その後も相手を引き留めようと努力する必要がある。

人間だけではなく、生物の世界も異性を惹きつけるために莫大な努力をしている。効率が悪いのは明白だ。

二つ目のデメリットは、交配の際に親密な接触をすることで、ウイルスやバクテリアがパートナーに移る可能性があることだ。

人間を例に考えるとわかりやすいだろう。梅毒やクラミジアなどの性病に感染するのは、性的な接触をするからである。

三つ目のデメリットは、オスが存在することだ。「有性生殖」の動物において、大抵の種はオスが半分を占めている。だが、ほとんどのオスは交配が終わると子育てを母親に任せて去ってしまうのだ。

もちろん、人間の父親の中には育児に熱心な人もいるだろうし、魚や鳥などの中には子育てを支えるオスがいるのは事実だ。だが、生物界を見渡すと大抵のオスは子育てにまったく関与しない。

「無性生殖」であれば、すべての個体が子どもを産み、育てられるので、単純計算すると「有性生殖」よりも2倍の子どもを産んで育てられるのがわかるだろう。

そして、最後に四つ目のデメリットは、「有性生殖」の場合は、もう一人の親がいるため、自身の遺伝子を半分だけしか子どもに伝えられないことだ。

「無性生殖」であれば、自分以外の親は必要ない。つまり、自身の遺伝子をすべて自分の子どもに伝えることができる。

これはとても大きな違いだ。最初は小さな差かもしれないが、子孫が繁栄し世代を経れば、この差の持つ意味はどんどん大きくなっていくだろう。

性が存在する理由は、多様性を持つため？

では、これだけのデメリットがあるのに、なぜ性が存在するのだろうか。

代表的な説は「有性生殖」の方が、多様性のある子どもを生み出せるというもの。

世代を経て遺伝的な変異をつくることで、環境変化に柔軟に対応できるのだ。「無性生殖」の生物であれば、子孫は皆同じ遺伝子しか持っていないので、例えば驚異的なウイルスが流行した場合にたちまち絶滅してしまうだろう。

しかし、「有性生殖」であれば、遺伝子が混ざり合うことで、両親とは違う新たな特性を持つことができる。まったく同じ遺伝子の子孫は存在しないため、「無性生殖」の生物に比べ、ウイルスなどに強い個体が生まれやすいのである。

他にも「性は遺伝子の損傷を修復するために存在する」という説がある。生物が子孫を残し遺伝子を伝えるとき、遺伝子のコピーミスが起こることがあるという。「無性生殖」の場合、そのコピーミスはそのままになってしまうが、「有性生殖」でオスとメスの遺伝子を組み換えると、遺伝子のコピーミスを修復し、元に戻すことができるというのだ。

未だに性の存在理由は明らかではないが、種が生き残るためにもオスとメスが必要なのだろう。

生きものは遺伝子にあやつられている？

やさしさは存在しない？

ゾウなどの野生動物が仲間を助けに行くシーンを見ると、動物のやさしさに触れ、ほっこりとした気分にならないだろうか。

しかし、１９７６年に動物行動学者ドーキンスは著書『利己的な遺伝子』で、こういった行動はすべて遺伝子の作用だと主張し、当時世界に大きな衝撃を与えた。

それまで、生物には二つの本能があると考えられてきた。

まず、一つ目が自分自身を守ろうとする本能だ。食事をしたり、自分の命を危険から守ったりするのもそのためだと言われていた。

そして、二つ目が種族を維持させようとする本能。種の利益や集団の利益のために、利他的な行動をするという考えだ。子育てのように自分自身を犠牲にして、他者に尽くすのも、その為だと考えられていた。

しかし、『利己的な遺伝子』では、個体維持や種族維持の本能を否定した。子育てで子どもに尽くすなど利他的に見える行動も、実は遺伝子の観点から見るとすべて利己的な行動なのである。

生物は遺伝子のための生存機械?

ドーキンスは、生物のことを遺伝子のための「生存機械」であると表現した。遺伝子を運ぶための乗り物だというのである。

遺伝子の最大の特徴はコピーが可能なことだ。遺伝子自体は2~3年しか生きられないが、自分自身をコピーすることで、何億年だって生きることができる。

生物は、その遺伝子が生き残るためのものにすぎないのである。生物が繁殖活動を行うのも、種全体のことを考えているのではなく、自身の遺伝子のコピーを次世代に伝えたいだけなのだ。

親が子どもに尽くすのは、種を残すためでもやさしさでもなく、子どもには自分自身の遺伝子のコピーが宿っているからだ。

親が自分以上に子どもを大切にすることもある。自分の身を犠牲にして子どもを守ったり、子どものエサをとるために自ら危険を犯すなど、親は常に子どもに尽くすのが自然界では一般的だ。これは、子どもにも自身の遺伝子のコピーが宿っており、自分の体内にある遺伝子より若い分、長生きするからだといわれている。

『利己的な遺伝子』は世界の見え方を一変させた。私たちが温かみのある行動だと思っていた動物の助け合いなどは、すべては遺伝子が原因で起こったことだとわかったからである。

ただし、誤解してはいけないのは、決して私たちは遺伝子にあやつられているわけではないということだ。あくまで、私たち生物の行動を遺伝子という観点で見ると、生存機械という説明になるというだけである。

ドーキンスはあえて擬人的な表現を用いたため、『利己的な遺伝子』は誤解されやすいといえるかもしれない。当たり前のことだが、遺伝子に意志はないのである。

生命に、生と死の中間が存在する？

ノルウェーで起きた不思議な事故

以前、ノルウェーで興味深い事件があった。凍った滝に落ちたスキーヤーが2時間後に救出されたときの話だ。2時間冷たい水の中にいたので、脈拍がなく凍死したと思われていた彼女だが、その後息を吹き返したのだ。

私たちは単純に生と死の二つに分けているが、実は簡単に分けられるものではなく、生と死の間に仮死状態があるのかもしれない。そう思わせる事件だったのだ。

生物学者マーク・ロスはミミズを氷点下に近い気温で24時間保存した。すると、ミミズの99％は死滅してしまった。

次は別のミミズに対して窒素を使って酸素消費を止め、生命を一時的に停止させた。その状態で氷点下に24時間置いた後、窒素を取り除き常温に戻した。すると、ミミズの大半は蘇生した。仮死状態になることで死から免れることができたのだ。

重要なのは、酸素濃度の下げ方だ。低酸素の状態にミミズを置いておくだけでは、ミミズは仮死状態にならずに命を落としてしまう。しかし、酸素濃度を通常の濃度の100分の1以下に下げることで、ミミズは仮死状態に突入する。

中途半端に酸素濃度を下げるのではなく、大幅に酸素濃度を下げてしまうことで、ミミズはかえって生き残ることができたのである。

硫化水素が仮死状態になるための鍵

ロスは次に哺乳類のマウスを仮死状態にするための実験を始めた。哺乳類は温室動物のため、寒くなると震え、酸素を余分に消費することで脳や内臓などの温度（中核体温）を保とうとする。冒頭のスキーヤーの状況を再現できると考えたのだ。

そこで、効果を発揮した物質が硫化水素である。ロスは低温の環境でマウスに硫化水素を与えた。すると、マウスの中核体温は下がり、酸素もほぼ消費しなくなったため、ほとんど死んでいるような状態になった。しかし、その6時間後に常温にマウスを置くと、たちまちマウスは体温が戻り、元気に活動を始めたのだ。マウスに後遺症はまったく見られなかった。

さらに興味深いのが、その後の実験で、仮死状態のマウスは、酸素濃度が薄い場所や出血多量でも生き延びることができたということだ。つまり、通常であれば死んでしまう場面でも、仮死状態になることで必要な酸素量や血液量が変わり、元の状態に戻ったときにそのまま生き延びることができるというのである。

硫化水素によって仮死状態になるというのは大きな発見だ。人類に応用できれば、救急医療の場面などで役に立つだろう。もしかしたら将来、沈没した船に乗り合わせたり、地下やトンネルに閉じ込められたりといった事態に陥ったときでも、硫化水素を利用すれば仮死状態のまま生き延びることができるかもしれない。

細菌胞子は仮死状態にある有名な生物の一つだが、仮死状態であれば2.5億年生き延びられるそうだ。仮死状態の研究は、生物が大量絶滅を生き延びた理由にもなる。今後の人類が大量絶滅を生き延びるヒントになるのかもしれない。

モテるためなら……。残念な生きものの進化

シオマネキの脚が巨大化したわけ

バブル景気の時代、女性からモテるためには男性は「三高」が必要だと言われていた。「高学歴・高収入・高身長」のことである。時代が変わり、結婚条件には「浮気しない」「低姿勢」などの条件が含まれるようになったともいわれているが、現在でも収入や学歴が高いに越したことはない。

では、なぜこういった男性が女性からモテるのだろうか。それは、学歴や収入が男性の優秀さを表す一つの指標だからだ。

実は、生物界にもモテるオスとモテないオスが存在する。

例として、シオマネキというカニを挙げることができる。シオマネキは二つのハ

シオマネキ

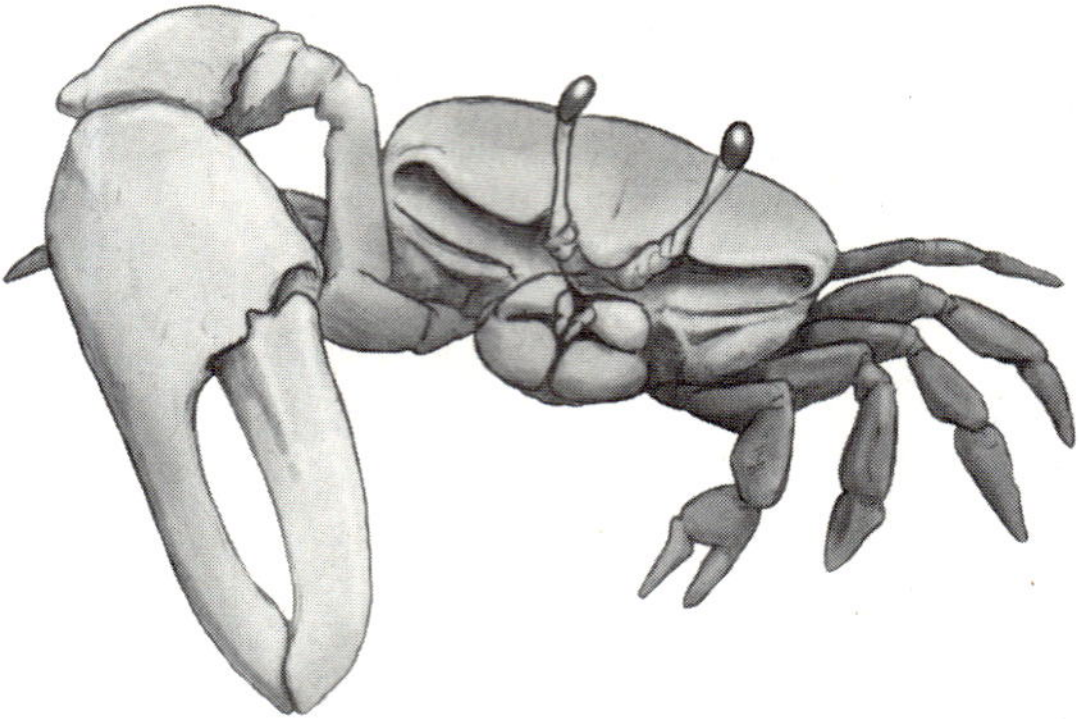

サミ脚のうち、片方のハサミ脚だけ巨大化している。ハサミ脚を振りかざすことでメスに求愛するのだ。ハサミ脚が大きければ大きいほど、メスにモテるのである。

ただし、この巨大化したハサミ脚には弱点がある。あまりにハサミが大きくなってしまったために、エサを口に運ぶことができないのだ。ハサミ脚の本来の機能をまったく果たしていないのである。

だから、シオマネキのもう一方のハサミ脚はまったく巨大化していない。エサを口に運ぶ用のハサミ脚を用意しているのだ。

本来であれば左右対称の大きさにするべきなのだろうが、シオマネキはハサミ脚の大きさを変えることで、メスにモテようとしているのである。

他にも、ハエのオスにもモテるための特徴を見ることができる。それは、頭の大きさだ。モテるハエは、頭が横に広いのである。眼の間隔が広ければ広いほど、メスにモテる傾向にあるようだ。逆に、メスの頭部が巨大化することはない。

このように、オスは常にメスの気を引くための進化を遂げているのである。

モテるための進化とは

では、なぜシオマネキやハエのメスは、ハサミ脚や頭の大きいオスを好むのだろうか。それは、オスとしての資質を測る指標だからだ。ハサミや頭が大きいほど、そのオスは優秀だと判断されるのである。

人間にとっての、学歴や収入、ルックスのようなものだと考えるとわかりやすいだろう。人間であれば性格も見てもらえるかもしれないが、生物界では非情にもこういった要素でメスからすべてを判断されてしまうのだ。

そもそもなぜハサミ脚や頭が大きいと優秀ということになるのだろうか。実は、これはまだ判明していない。

メスの好みがどのように形成されていくかは今後の研究分野である。これが判明すると、優秀とは何か、モテるとは何かが明らかになってくるだろう。そうすれば人間にも応用できるかもしれない。

もともと海にいた生きものが陸に上がったきっかけって？

4億年前に動物は陸上に進出した

現在、陸上で当たり前のように生活している私たちには想像しにくいことだが、昔はすべての動物は海で生活していた。だが、約4億年前に陸上に動物が進出し、生活することになる。これは、地球の歴史で見ても大きな転換点だった。

現在、多種多様な動物が地球上に存在するのは、陸に上がってきたからという理由が大きいからだ。現に、海には約50万種類の生物が存在しているが、陸上にはその10倍以上の種類の生物が存在している。

しかし、なぜ4億年前というタイミングだったのだろう。動物が上陸するきっかけは2つあった。それは「オゾン層の形成」そして「植物の上陸」だ。

まず、オゾン層ができたことで、地上でも有害な紫外線を大量に浴びずに済むようになった。これが、動物だけでなく、植物が上陸する大きなきっかけになる。

そして、植物が上陸したことで、次に動物も地上で食糧の確保ができるようになった。生命の歴史を語る上で、最も重要なのは植物が地上に進出したことかもしれない。この事実がなければ、恐竜も私たち人間も存在しなかったのだ。

ただし、このようなお膳立てがあったとはいえ、動物は簡単に陸上に進出できたわけではない。陸上に上がろううとしてたくさんの動物が死んでしまった。

それでも、動物が次々と海ではなく陸にあがろうとしたのは、当時の陸が未開の地だったからではないだろうか。競争もほとんどなく、捕食される心配が少ない。もし、陸で生きることに対応さえできれば、こんなに楽なことはないだろう。

四足動物が上陸にあたり苦労した理由

動物の中でも最も早く陸地に上がったのは、昆虫などの節足動物だった。

そして、その次に陸に上がったのが四足動物。だが、四足動物は節足動物に比べて陸地に対応するのに苦労したようだ。特に苦労したのは次の三点だ。

一つ目は、陸地は海の中と違い体重を自分の足で支えなければいけないこと。節足動物に比べて体重の重い四足動物は、重力に耐えられる骨格を持つ必要があった。

二つ目が、産卵と子育てである。実は、初期の頃の四足動物は陸上で繁殖を行うことができなかった。カエルを思い出してもらうとわかりやすいかもしれない。産卵や子育ては海の中で行い、大人になると陸上に上がってきたのだ。

三つ目が最も重要な問題で、いかに水分を失わないかである。水の中にいる分には当然脱水の心配はないが、陸で生活すると皮膚や口、鼻などから水分が蒸発してしまう。これを防ぐには、水を外に出さないための覆いが必要になる。しかし、乾燥を防ごうとすると、今度は呼吸ができなくなる。

結局、陸上に上がったばかりの四足動物はこの問題を克服できなかったため、いつでも水分を確保できるよう、水辺でしか生活できなかったそうだ。

これらの四足動物も、後の時代には爬虫類へと進化していった。防水性のある鱗や表皮を手に入れたり、陸上で水分を通さない卵を産めるようになったのだ。今では、砂漠ですら生きていける爬虫類もいるのだから、生物の進化は面白い。

進化は予想より早いペースで起こっている？

進化を目撃したグラント夫妻

ダーウィンの進化論が発表され、自然選択という概念が浸透してから、多くの生物学者は「進化は長いスパンをかけて起こるもの」だと考えていた。

しかし、最近その定説が覆されようとしている。生物学者のグラント夫妻によって、自然選択による進化の瞬間が目撃されたからだ。

グラント夫妻は、ガラパゴスフィンチという鳥を観察した。大ダフネ島という島に生息し、主に種子を食べる鳥だった。

大ダフネ島は人間の手がほとんど加えられていなかった。そして、ガラパゴスフィンチも島で生まれ、島で死ぬ。島を出るフィンチも、外から来るフィンチもほと

ガラパゴスフィンチ

んどいないため、進化の過程を調べるには最適な場所だったのだ。

グラント夫妻は、島にいるすべての種のフィンチの体重やくちばしの幅を測定した。そして、そのフィンチの子どもについても同様の測定をすることで、くちばしのサイズが遺伝することを発見した。

グラント夫妻が進化を目撃したきっかけは、大ダフネ島に訪れた乾期だった。４ヶ月間雨が降らないことで、植物の多くが枯れてしまったのだ。

元々、フィンチはみな同じ種類の種子を食べていた。しかしそれでは食糧が足りなくなったため、それぞれくちばしの形に応じて、別の種類の種子を食べ始めたのである。

くちばしの小さなフィンチはトウダイグサという小さな種子を、くちばしの大きなフィンチはハマビシという堅くて大きな種子を食べていた。くちばしが小さいとハマビシの種子を割ることができなかったのだ。

その後、大干ばつによってトウダイグサが枯れてしまうと、くちばしの小さかったフィンチは死んでしまった。数年後にフィンチの数自体は回復するが、そのフィンチのくちばしの平均サイズは以前よりも大きくなっていた。自然選択が起こった瞬間である。

自然選択は変化する

しかし、その後大ダフネ島に大雨が降ると、状況は一変する。トウダイグサが繁殖し始め、今度は数世代のうちにフィンチのくちばしの平均サイズは小さくなったのである。

くちばしの小さいフィンチは小さい種子を効率的に食べられるため、成長が早くなるからだ。そのエネルギーを繁殖に使うことで、より多くのくちばしの小さいフィンチが生き残ったのだ。


グラント夫妻が観察したことで得られた重要な情報が二つある。

まず、一つ目は冒頭で述べたとおり、進化はかなり早いスピードで起こっていることだ。グラント夫妻は40年間観察を続けたが、その間に2回も進化を観測できたのだから、生物学者の想像を遙かに上回るスピードだろう。

そして、もう一つは自然選択が環境によって変化すること。乾期と雨期で、くちばしの大きい鳥が有利なこともあれば、不利なこともある。環境によって進化の方向性が変化することを観察できたのは、大きな成果だと言えるだろう。

第2章

大量絶滅とはなにか

地球上の99%の生物が滅んでいた？

地球上の99％の生物が滅んでいた？

地球の歴史は絶滅の歴史？

多数の生物が同時期に滅びる現象のことを「大量絶滅」と呼ぶ。そんな物騒なことが地球上で起こるはずがないと思うかもしれないが、地球の歴史の中で大量絶滅は少なくとも11回は起こったといわれている。

その中でも、オルドビス期末、デボン紀末、ペルム紀末、三畳紀末、白亜紀末の大量絶滅は５大絶滅（ビッグファイブ）と呼ばれている。

地球の歴史は生物の絶滅の歴史でもある。地球上に誕生した生物の90％から99％は絶滅している。地球上で絶滅した生物の種類は50億から５００億種類といわれている。生物は絶滅するのが当たり前で、現在地球上に存在しているだけで奇跡なのだ。

大量絶滅というとネガティブなイメージがあるかもしれないが、実は生物が進化するにはこの大量絶滅は必要不可欠だ。なぜなら、生物は環境が変わらない限り、基本的に変化することはないからだ。環境が安定してしまうと、生物はかえって形を変えようとしないため、進化は止まってしまうのである。

その代表例がシーラカンスの存在だ（153ページ）。シーラカンスは、安全な場所にいて、まわりの環境が変わらなかったことから、約４億年の間姿を変えずに現在も生き残っている。

もし、大量絶滅が起こらずに、環境に何の変化も起こらなかったとしたら、私たち人類が存在していないのは間違いないだろう。

背景絶滅と大量絶滅

生物の絶滅は常に起こっている。ライバルや天敵の種に滅ぼされる、気候が変動するなど原因はさまざまだ。

新しい種が出現する割合を「出現率」、種が絶滅する割合を「絶滅率」といい、この絶滅率が通常のペースの状態を「背景絶滅」と呼ぶ。背景絶滅は、ある時代の絶滅ペースが通常のペースからどれだけ逸脱しているか調べるときの基準になる。

大量絶滅を正確に定義すると、この背景絶滅から大きく逸脱して、絶滅率が増加したり、出現率が減少した状態のことを指す。

大量絶滅の存在自体はすでに19世紀には明らかになっていたが、絶滅の大きさを測るのに統計学を使い始めたのは20世紀後半のことだった。

5大絶滅は統計によって発見されたが、そのパターンは異なっている。オルドビス紀、ペルム紀、白亜紀の大量絶滅は絶滅率が急激に上がって起こったものだ。しかし、デボン紀と三畳紀は絶滅率の増加だけでなく、出現率の減少も大きな原因となっている。

統計的に絶滅率が突出している以上、それはただの偶然ではなく、何かしらの原因があると考えられる。その原因を探ることで、生物がどのように進化してきたのかを知ることもできるのである。

大量絶滅は２６００万年ごとの周期性がある？

周期性が存在する理由

古生物学者のラウプとセプコスキーは、「大量絶滅には周期性がある」と主張した。

彼らは、ペルム紀から現在までの２億５０００万年の間に存在した海洋生物５６７科の絶滅時期を調べ、その膨大なデータから各時代の絶滅率を調べ上げたのだ。

その結果、大量絶滅は２６００万年周期で起こっているという周期性を発見したという。

２６００万年周期の原因についてはさまざまな説があるが、天文学的現象であるという説が多い。

彗星落下

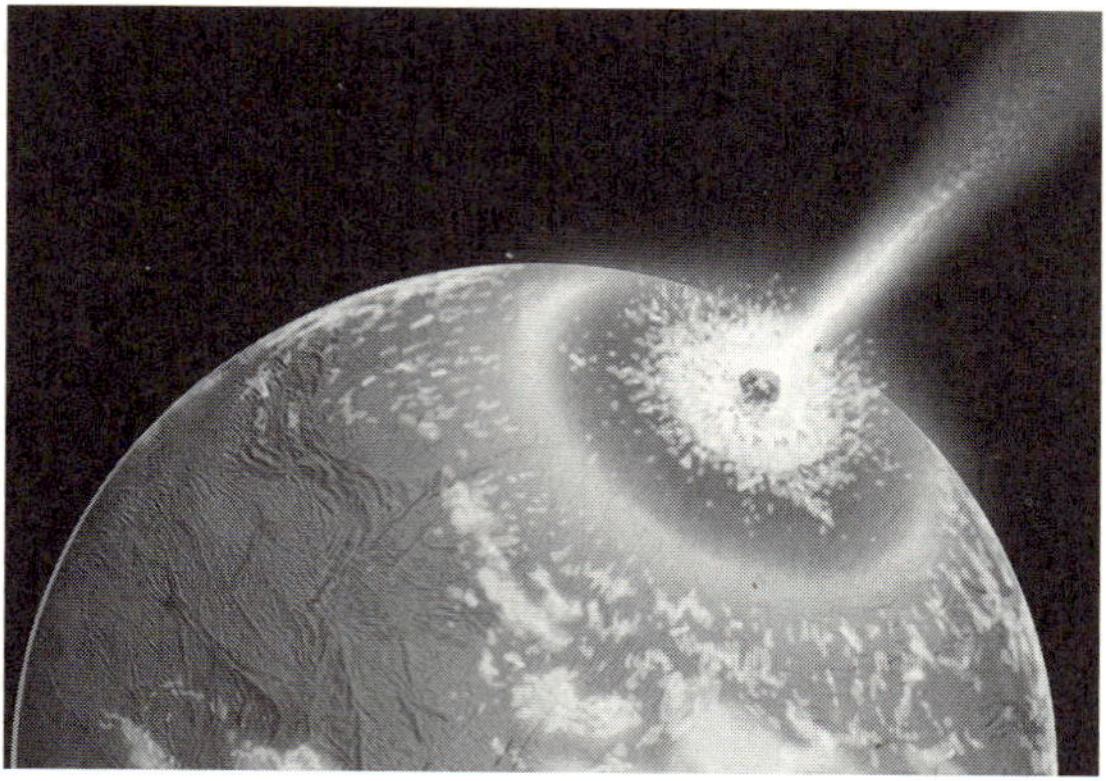

中でも有名なのが、「太陽系の動きの周期性」が原因という説だ。太陽系は銀河系に属しており、その中を数千万年単位で横断している。銀河系の中には、銀河面という質量の大きい部分があるが、その銀河面を太陽系が通るときに引力が働き、彗星が大量に地球上に降り注ぐというのだ。

ただし、現在の状況を考えるとこの説は否定できる。2600万年周期で大量絶滅が起こるとすると、前回の大量絶滅は1200万年前だったため、次の大量絶滅は1400万年後ということになる。

しかし、現在の太陽系はかなり銀河

マントルプルーム

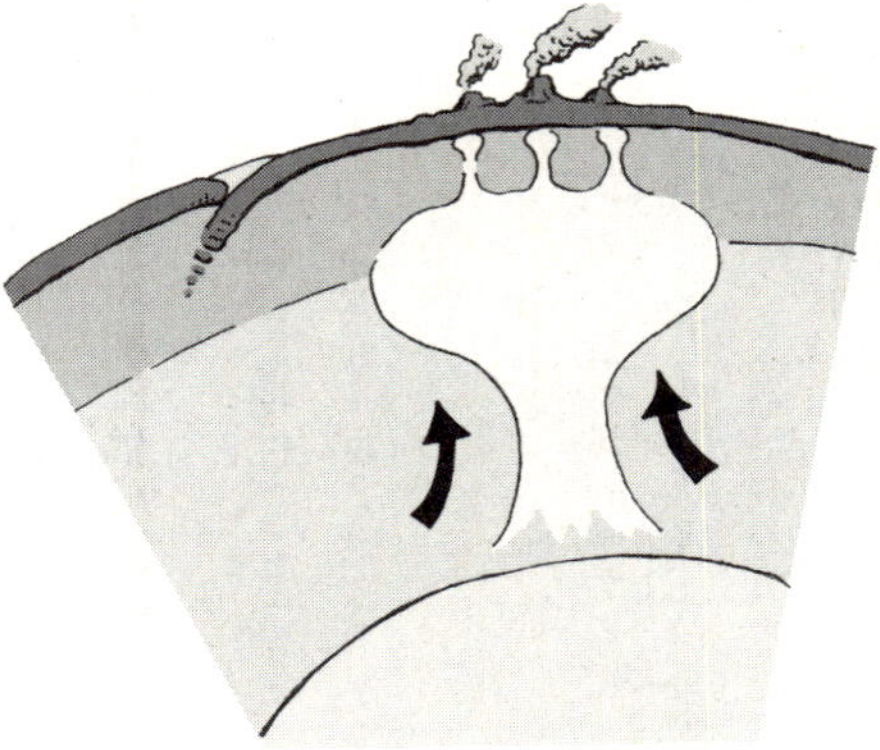

面に近づいており、大量絶滅の周期性と一致しないのである。
他にも、「太陽に未知の連星があり、その軌道周期によって定期的に彗星が地球に降り注ぐ」という説もある。何人もの科学者がこの説を唱えているが、未だにこの連星は見つかっていない。

また、マントルの深部から高温の物質が周期的に上昇してくるという「マントルプルーム説」もある。
マントルプルームは、通常とは桁違いの噴火を引き起こすと言われており、海面が下がってしまう海退や、N極やS極などの磁場が消失するなどの原因にもなる。
一般的な知名度は低いが、研究者の中で密かに注目を集めているようだ。

2600万年周期には疑問の声もある

実は、大量絶滅に周期性があるかどうかについては、未だに意見が分かれている。ラウプとセプコスキーが入念に調べたデータをもってしても、周期性が否定されるのには三つの理由がある。

まず、一つ目が大量絶滅の中でも、それぞれ絶滅の規模が全然違うことだ。絶滅の規模もある程度同じでないと、統計的に規則性は認められないというのである。

二つ目の理由は、大量絶滅がある程度の期間継続して起こっていることだ。大量絶滅が起こった時期に幅がある以上、周期性を測ることに意味がないというのが、この主張のベースになっている。

そして、三つ目の理由は、偽絶滅という現象の存在である。一見絶滅したように思われていても実は他の種に進化していただけ、ということが生物の世界では起こりうる。その可能性は統計に反映されていないというのだ。

本当に大量絶滅に周期性があるかどうかは定かではない。もし、周期性があるとしたら、次の大量絶滅は１４００万年後ということになるので、しばらくは安心していても良いのだろう。

地球全体が凍っていた時代の全貌

地球全体が凍るのはあり得ない？

かつて、数百万年の間、赤道も含め地球全体が凍結していた（全球凍結）時代があったという説がある。陸上はもちろん、海もすべて氷に覆われ、地球全体が雪玉のように凍っていたというのだ。この説を、「スノーボールアース仮説」と呼ぶ。

全球凍結は、2回起きたと考えられている。約22億年前と約6億３５００万年前だ。

地球全体が凍ってしまうと、植物が絶滅してしまう。すると、草食動物が生きられなくなり、肉食動物も絶滅する。海も水深１０００メートルまで凍っていた。氷の下でなら、生物は生き残ることができると思うかもしれないが、そこまで太陽の光が届かないため、光合成もできずに植物プランクトンなども生きられない。当然、それをエサにしていた魚たちも生き延びることができなかったのだ。

地球全体が凍ったことで、地球上で大量絶滅が起こったのは間違いないだろう。

しかし、スノーボールアース仮説は、発表された当時はあり得ない仮説と考えられていた。理由は二つある。

一つ目は、私たち生物が現在も生き残っていることだ。もし、地球全体が凍っていたとしたら、生物は完全に絶滅し、現在も生物が生き残っていないはずだ。

そして、もう一つの理由は、一度全面凍結をしてしまうと太陽の熱を反射してしまうため、現在も氷が溶けることなく雪玉の状態を維持し続けているはずである。

火山がすべてを解決した

この二つの問題を解決したのが、火山の存在だ。かつて、地球のほとんどは氷に覆われていたが、約1000カ所ほど火山による温暖地が存在したらしい。

もちろん、火山の近くで生きられる生物は限られているが、単細胞生物であれば生き延びることができた。この単細胞生物が生き残ったことで、生物の歴史は無事現在までつながっているというのだ。

地球を雪玉の状態から解放したのも火山だった。火山が活動することで二酸化炭素が発生し続ける。本来であれば、二酸化炭素は海に吸収されてしまうが、スノーボールアース状態の地球では、海の上が氷で覆われているため、大気中の二酸化炭素の濃度が急激に上がることになる。地球温暖化問題でおなじみのように、二酸化炭素には温室効果がある。本来であれば、氷によって反射された太陽の熱は宇宙へと戻ってしまうが、温室効果ガスがあることで、地球上に熱をとどめてくれたのだ。

スノーボールアース現象が温室効果ガスによって終わりを迎えると、その後の地球はどうなるだろうか。当然、二酸化炭素濃度は高いままなので、気温も急激に上がる。平均気温は約50度だったといわれている。

この環境が、植物を繁栄させたといわれている。そして、植物が繁栄すると、光合成により地球の酸素濃度が急激に上がり、オゾン層が形成され、生物が酸素呼吸を始めるようになった。

現在のように生物が進化したきっかけとして、スノーボールアースは欠かせない現象だったのである。

スノーボールアース

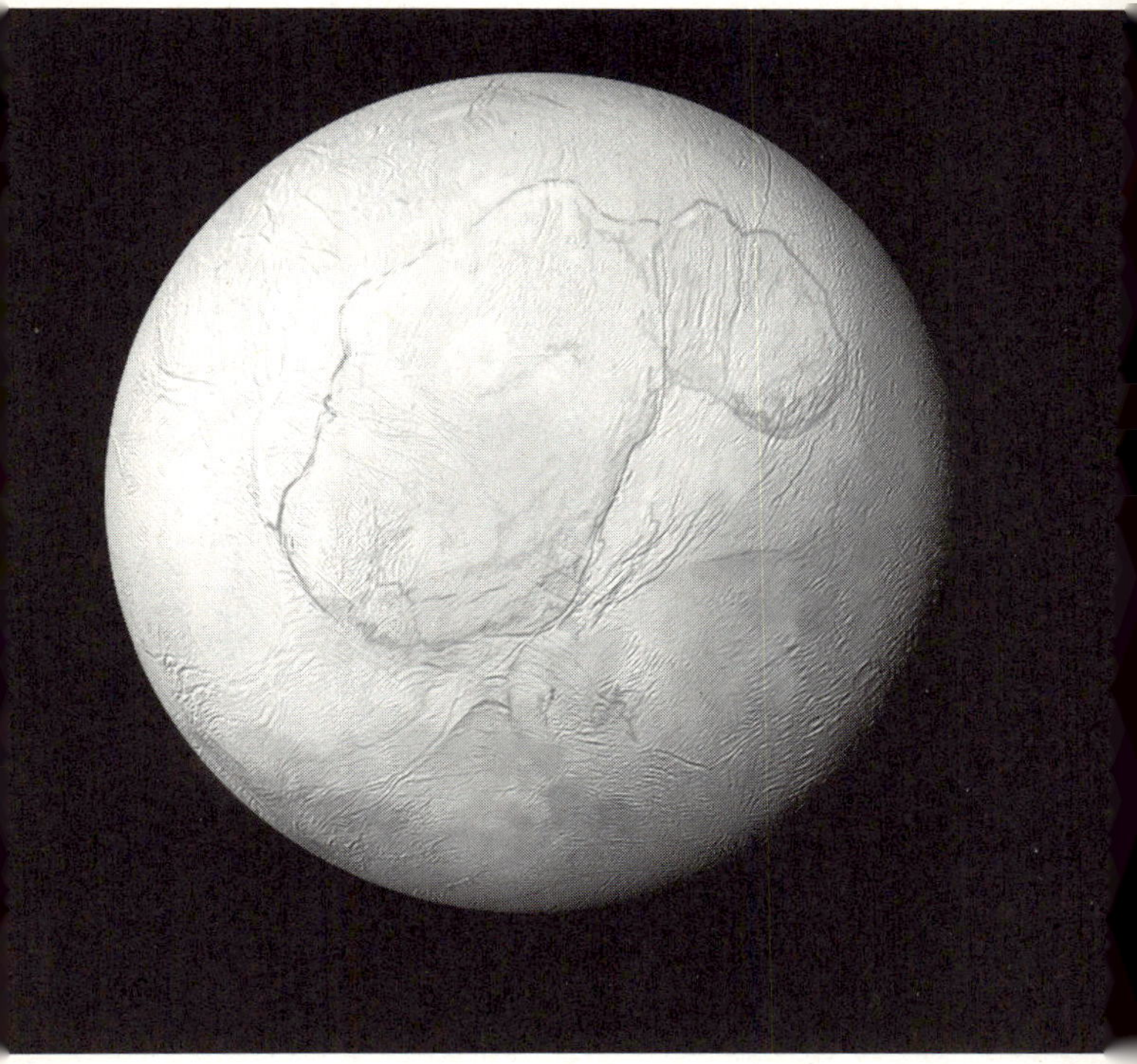

最初の大量絶滅の原因とは？

すべての生物は海中に生息していた

ビッグファイブと呼ばれる大量絶滅の中でも、最初に起こったのがオルドビス紀末の大量絶滅である。全体的な絶滅率も推定85％とペルム紀の絶滅に次ぐ大規模な絶滅だった。

オルドビス紀とは、４億８８３０万年前から４億４３７０万年前の約４５００万年続いた時代のことである。まだ植物も上陸していなかった時代のため、すべての生物は海の中に生息していた。

もちろん、カンブリア爆発で最も多様化が進んだのは間違いないが、オルドビス紀に入っても多様化のスピードは落ちなかった。

オウムガイ類、腹足類、腕足動物をはじめ、ヒトデ、コケムシ、ルゴースサンゴなどが誕生し、多様化はどんどん進んでいったのだ。

生存競争で大量絶滅が起きた？

オルドビス紀末の大量絶滅の原因は、さまざまな説があるが、地球の寒冷化が原因という説が主流だ。

もちろん、極端に気温が低いという理由で絶滅する生物もたくさんいたが、寒冷化の影響はそれだけにとどまらない。

地球が寒冷化すると、氷河が発生する。氷河の元となるのは海水なので、氷河の発生によって、海面はより低くなる。海面が低くなると、海洋生物の生息場所が奪われてしまうのである。

寒冷化の原因についてさまざまな説があるが、火山の噴火によって硫黄エアロゾルという物質が大気に蔓延し、太陽光を防いだためという説が有力だ。

寒冷化以外にもさまざまな説が挙がっている。

カンブリア紀には、まだ捕食者は存在しなかった。しかし、カンブリア爆発で生物に眼がつき始めると、次第に捕食関係が激しくなっていった。生存競争が激しくなったことで、大量絶滅が起こったという説もある。

宇宙で起こった大爆発、ガンマ線バーストによって大量の放射線を浴びたことが原因という説もある。オルドビス紀に起こったという確証はないが、現在から10億年以内にガンマ線バーストが地球を襲ったという事実があったのではないかと言われている。

オルドビス紀の生物たち

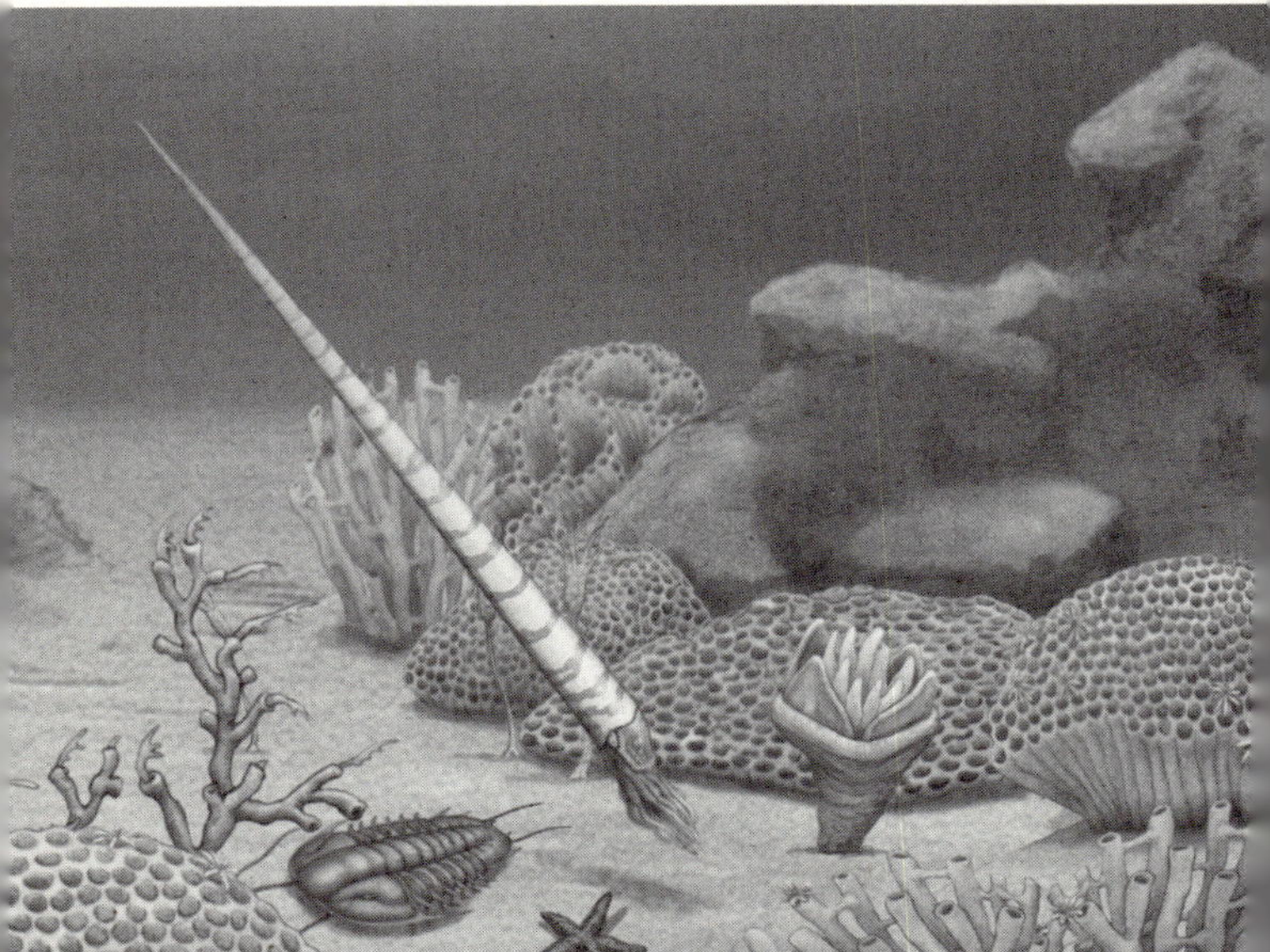

海の生物が次々に絶滅した「海洋無酸素事変」

海中の酸素濃度が極端に下がった

これまで、「海洋無酸素事変」という現象によって、何度か大量絶滅が起こっている。

海洋無酸素事変とは、海中の酸素濃度が極端に下がることで、海洋系の生態が破壊されてしまうことである。

海洋無酸素事変が起きる原因はさまざま考えられるが、イタリアのイザベラ・プレモリ・シルバ教授は「気温の上昇」ではないかと主張した。

陸地に対する海面の高さのことを海水準と呼ぶが、気温の上昇に伴い、海水準が上昇する。すると、今まで陸地だった部分が浅い海になるため、海水面積が増えることになる。

海水面積が増えると、海中の植物プランクトンの数が増え、それをエサとしていた海底での有機物が増えてしまう。有機物は酸素を消費するため、海中の酸素量が足りなくなる。海全体の酸素量が欠乏するので、海中の生物が絶滅してしまうのだ。

デボン紀の絶滅も海洋無酸素事変が原因？

４億１６００万年前から３億５９２０万年前までのおよそ５７００万年をデボン紀と呼ぶ。この時代は、魚類がさまざまな形に進化したことから「魚の時代」と呼ばれている。

そして、デボン紀の後期にも、ビッグファイブと呼ばれる大量絶滅が起こった。この大量絶滅は50万年以内に起こったという説もあれば、１０００万年以上かけて起こったという説もある。いつ、どの程度の期間をかけて起こった出来事なのかが曖昧なのである。

デボン紀の絶滅について明白な点は、陸上の生物ではなく海洋生物が大量に絶滅したということだ。最近の研究では、アンモナイトやサンゴ類など海洋生物の種の83％が絶滅したという報告もある。同じ魚類でも、陸上系の魚類は30％程度しか絶滅していない。

このことから、海洋系の環境に変動があったのだと言われている。前述した海洋無酸素事変も有力な原因候補の一つである。

デボン紀は古い魚類が絶滅し、両生類が誕生した時代だと言われている。私たち脊椎動物の歴史の中でも大きな転換点だったのは間違いないだろう

両生類は海から陸に上がったため、海洋無酸素事変の影響をあまり受けなかった。また、陸に上がる過程で環境変動への適応能力が身につき、デボン紀の絶滅を生き残ることができたのである。

逆に、絶滅してしまった魚たちは、こういった環境の変化に対して弱かったのだろう。

デボン紀の生物たち

史上最悪の大量絶滅はペルム紀に起きていた？

回復に５００万年かかった大量絶滅

地球生命史の中で「史上最大規模の絶滅」と言われているのが、ペルム紀末に起こった大量絶滅である。なんと当時の全生物の９割以上がこの絶滅で死に絶えたといわれている。

ペルム紀末の絶滅の最大の特徴は、絶滅後の回復に大幅な時間がかかったことだ。他の大量絶滅は１００万年以内に生命が回復し始めているが、ペルム紀の絶滅は回復に５００万年かかったといわれている。

ペルム紀とは2億９９００万年前から2億５１００万年前の時代で、かなり気温が高く、南極の氷もなかった。二酸化炭素濃度が非常に濃かったためである。温暖な気候の影響もあって生物は大型化を果たしたが、ほとんど現代には残っていない。現在地球の大陸は大きく六つに分かれているが、ペルム紀はたった一つの大陸だったといわれている。この大陸のことを「超大陸パンゲア」と呼ぶ。

史上最悪の大量絶滅の原因とは

ペルム紀の大量絶滅の原因は未だに明らかになっていない。あまりに大規模な絶滅のため、始まりと終わりの時期を推測することも難しいのである。

古生物学者のスタンレーはペルム紀の大量絶滅は約５００万年以上かけて起きたとし、原因は地球規模の気温の低下だと主張した。熱帯地域の生物の絶滅率が高いこと、氷河堆積物があることなどがその根拠だ。

寒冷化の原因は、超大陸パンゲアが南極へと移動したためだ。陸地は冷えやすいため氷河ができやすく、一度氷河ができると、太陽光は氷河に反射されてしまう。

また、他にも海の塩分濃度が下がったことや大規模な海洋無酸素事変（72ページ）

が起こったことで、海の生物に大ダメージを与えたという説、超大陸パンゲアの影響で岩石が地球の内側に流れ込み磁場が逆転してしまったという説もある。

最新の研究では、この大規模な大量絶滅が6万年という短期間（地球史の中では、かなりの短期間と呼べる）で起こったのではないかとも言われている。そのことから、小惑星や火山の噴火が絶滅の原因とする説もあるが、これも根拠がない。

地球学者のリー・カンプは、深海の硫化水素濃度が限度を超えて高くなったことで、深海の水が海面まで上昇し、そのまま大気中に蔓延したという。

硫化水素は生物にとって有毒なので、それだけでも海中や陸上の生物を死滅させるのに十分だが、硫化水素はそれに加えオゾン層をも破壊してしまい、紫外線も浴び続けることになった。

未だにペルム紀の大量絶滅については専門家からさまざまな説が飛び交っている。もし、原因が明らかになれば、地球の歴史をひも解く大きな一歩となることだろう。

超大陸パンゲア

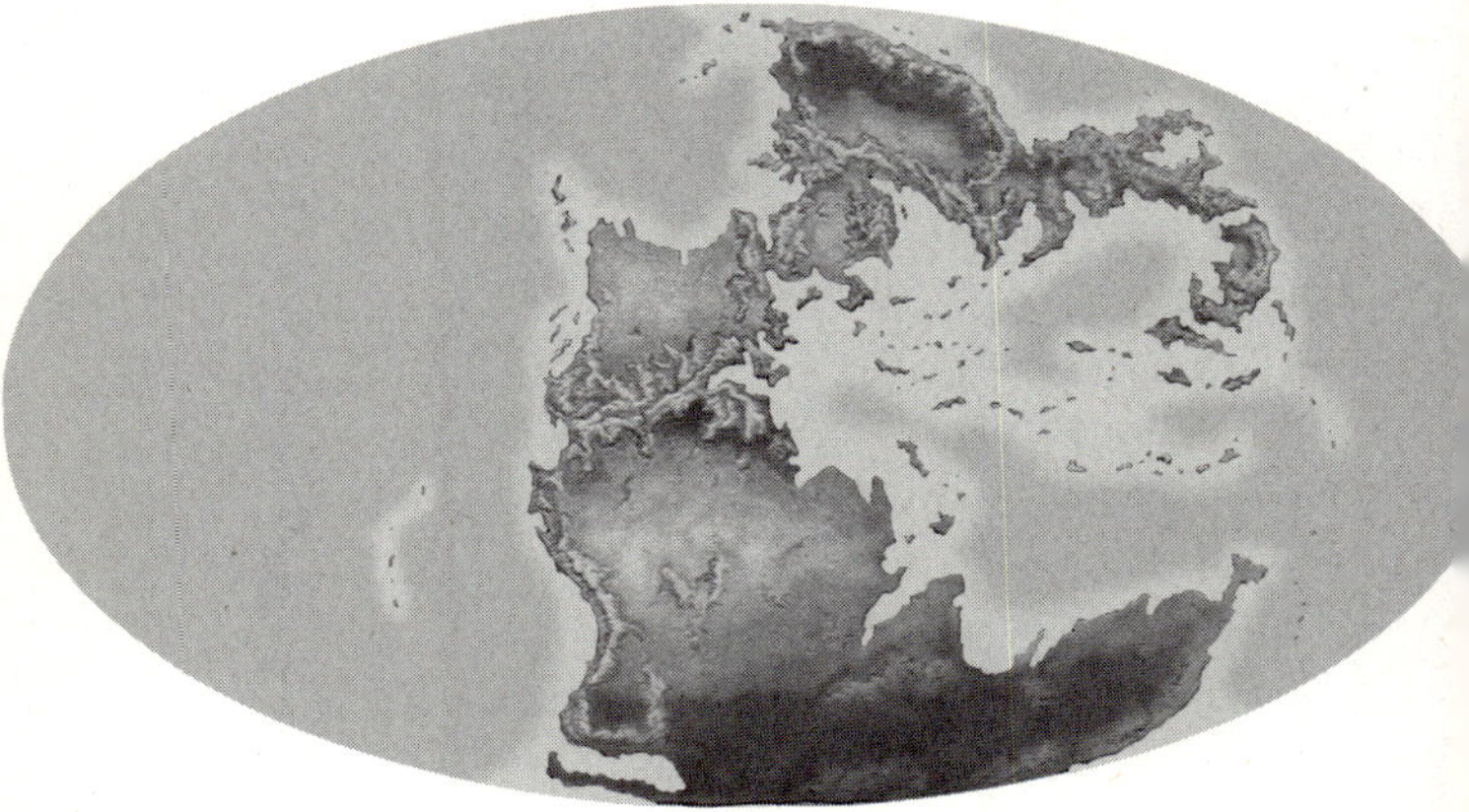

大量絶滅は生きものの進化の予兆？

三畳紀は爬虫類・哺乳類の時代

三畳紀とは、2億5100万年前から1億9960万年前、ペルム紀の次に該当する時代のことだ。つまり、史上最悪の大量絶滅後のことである。

大量絶滅は生物にとっては当然不幸なことだが、生き延びた生物にとってはむしろ幸運なことといえる。大量絶滅後の環境にはライバルがほとんどいないからだ。

三畳紀は、ペルム紀を生き残った爬虫類や哺乳類が繁栄と進化を遂げた時代といえるだろう。恐竜も三畳紀に誕生することになる。生物が多様化したという意味でいうと、カンブリア爆発に匹敵する時代といえるかもしれない。

三畳紀も、ペルム紀から引き続き超大陸パンゲアの時代だった。地球は相変わらず温暖だったようだ。

古代の海洋生物がついに滅びた

ただし三畳紀にも大量絶滅は起こっており、このときには海洋生物の80％が絶滅したとされている。

古代から生き延びていた海洋生物も軒並み滅びてしまう。その代表例とも言えるのが、カンブリア紀から生き残っていたコノドントである（１４１ページ）。

他にも、古代のワニや多くのアンモナイトが絶滅するなど、海洋生物に大ダメージを与えた（ただし、アンモナイトはわずかに生き残った種から、次のジュラ紀にまた繁栄する）。

一方で、陸上生物がどの程度の被害を受けたかについては未だにはっきりしていない。

地質学者のブラックバーン氏は、三畳紀の大量絶滅の原因は溶岩の噴出だと説明する。

というのも、2億100万年前に超大陸パンゲアが分裂を始めたからだ。

このときに、地殻の下にある膨大な量の玄武岩が噴出したのである。60万年の間に4回ほど噴出したと言われている。

最近までこの噴出の時期が明らかになっておらず、数百万年の誤差があったが、現在では誤差を3万年程度に縮めることができている。

溶岩の噴出以外では、気候の悪化や海洋無酸素事変(72ページ)なども、大量絶滅の一因だと言われている。

この三畳紀の大量絶滅の意味は大きい。この後、時代はついにジュラ紀を迎えることになるからだ。恐竜の時代を迎えるのに、三畳紀の大量絶滅は必要不可欠だったのである。

恐竜が隕石で滅びたというのは本当か？

最も有名な「隕石衝突説」

恐竜が絶滅した原因については、未だに世界中で激しい議論が行われている。さまざまな説が浮上しているが、中でも最も有名なのが「隕石衝突説」だろう。

この説は、地質学者のウォルター・アルヴァレスがイリジウムという元素の痕跡を見つけたことから始まる。イリジウムは現在の地球の地表上にはほとんど残っていないにも関わらず、アルヴァレスが発見したものはかなり濃度の高いものだった。

アルヴァレスは、イリジウムは隕石の衝突が原因で、その衝突によって恐竜は滅びたという仮説を立てた。隕石が地球に衝突し、その衝撃でちりが世界中に広がる。大気中のちりは太陽光を遮るので、植物が育たなくなる。植物が育たなくなると、草食動物が絶滅する。最終的に草食動物を補食していた恐竜も絶滅するというのだ。

太陽光が届かないので、地球が寒くなったことも絶滅の要因の一つだ。

この説は、その完成度の高さから瞬く間に世界中に広がった。特に1991年にメキシコのクレーターと隕石の衝突を関連づける論文が発表されたことで、隕石の衝突が恐竜絶滅の定説となった。しかし、この説には疑問点も多い。恐竜は、隕石が衝突する前からすでに絶滅の道を歩んでいた可能性が高いからだ。

最も繁栄したときは30属以上の恐竜が存在したが、隕石が衝突したときにはすでに7属しかいなかった。つまり、隕石の衝突は最後のとどめにすぎず、恐竜絶滅の大きな原因は、環境の変化に対応しきれなかったことと考えた方がよいだろう。

絶滅の原因は一つではなかった

最近、巨大噴火説が注目を浴びている。隕石が衝突する少し前から、地球の歴史上でも稀にみる大噴火が起き、大量の玄武岩が地表を襲ったというのだ。

その証拠が、インドのデカン高原にある火山活動の痕跡だ。これは、デカントラップと呼ばれており、現在は風化により50万km^2ほどになっているが（それでも日

恐竜絶滅

本の国土の1.4倍もある）、当時は150万km²以上の面積だった。

このときの大噴火は、亜硫酸ガスや窒素酸化物などを大気中にばらまき、生態系に大きな影響を与えたのだ。特に二酸化炭素による温室効果ガスが大量に発生したことが恐竜の絶滅に大きく関わっている。海洋が温暖化すると海が淀み、海中の酸素が欠乏する。すると、硫化水素を大量に含んでいる海洋深層水が海面へと上がってしまい、海中の生物が絶滅してしまうのだ。

海中の生物が絶滅すると、それを食べていた生物が絶滅する。結果的に食物連鎖の頂点の恐竜も絶滅することになるのだ。

以前は、恐竜の絶滅の原因の議論になると、「隕石衝突説」「氷河期説」「火山噴火説」など何か一つの原因を求める傾向が強かった。確かに、隕石一つで恐竜が滅びたとしたらドラマチックでわかりやすい。

しかし、最新の研究では、絶滅はそんな簡単な問題ではないことがわかった。火山が噴火してすでに恐竜が弱っているところに、とどめとして隕石が落下したという複合説が現在の有力な説となっている。

６度目の大量絶滅が現在進行中？

人類が原因で絶滅が起こる？

これまでの地球の歴史上では、ビッグファイブと呼ばれる大量絶滅がすでに起こっているが、実は現在進行形で６度目の大量絶滅も進行しているのである。

現在、サンゴ類の３分の１、哺乳類の４分の１、爬虫類の５分の１、鳥類の６分の１が絶滅の危機にあると言われているのだ。

これは、特定の地域に限ったことではなく、北極、山地、海などあらゆる地域で起こっている現象だということも、私たちが目を反らしてはいけない現実である。

言うまでもなく、６度目の大量絶滅の原因は人類の登場だ。近年絶滅した生物の中で、原因が人間と無関係である生物はほとんど存在しないといわれている。

人類が誕生したのは、今から約20万年前になるが、その頃から生物の絶滅率は急上昇している。特に、西暦1500年頃から、絶滅のペースはかなり速まった。

生物学者のE・O・ウィルソンは、現在の絶滅率について、背景絶滅（56ページ）の1万倍との研究結果を出している。これは、かつて恐竜を絶滅させた白亜紀の大量絶滅と同様のペースだという。このペースが続くなら、今後数百年で脊椎動物の4分の3が絶滅するだろう。

では、人類のどのような行動が生物の絶滅を促進するのだろうか。

私たちが想像しやすい代表的な絶滅理由としては、森林破壊が挙げられるだろう。昆虫学者のアーウィンの計算によると、熱帯の森林破壊によって1分に1種の生物が絶滅しているといわれている。

絶滅予測と観察結果の違いはなぜ生まれる？

ただし、ウィルソンやアーウィンの絶滅ペースの数値は、実際の観察の結果と一致しないと考えられている。理由は二つ挙げることができる。

まず一つ目の理由は、生物の絶滅には時間を要するからだ。ウィルソンの絶滅ペースの計算は、森林が伐採されたとしたら、ただちにそこに生息する生物も絶滅するという前提で計算されたものだ。

しかし、森林が伐採されても、生物が長期にわたって生き残るケースも存在する。もちろん、最終的には絶滅する可能性が高いのだが、現在進行形の観察結果とは相違が生まれるのである。

観察結果と予測に相違が生まれるもう一つの理由は、私たちが観察できる生物が、地球上の生物のすべてではないからだ。特に無脊椎動物に関しては、記録された生物のうち保全された生物は１％未満であると言われている。

熱帯地域などには、私たちが認識もしていない生物種がたくさん存在する。これらの絶滅も計算に入れると観察結果と絶滅ペースは一致しないのである。

とはいえ、６度目の大量絶滅で生態系が壊れれば、人類にも大きな悪影響が及ぶ。人類が生き残るためにも何とか対策を考えたいところだ。

第3章

進化の歴史

進化が止まっていた空白の10億年

最初の生命はどうやって生まれた？

最初の生命は36億年前に生まれた

私たち人間も、野生の動物も、植物も起源をたどれば最初は一つの生命だった。しかし、どうやって最初の生命が生まれたのかは未だに謎に包まれたままだ。唯一、明らかになっているのは、その生命が約36億年以上前には誕生していたという事実である。地球が誕生したのが約46億年前なので、最初の生命の誕生まで、なんと10億年近くかかっている計算になる。

生命誕生に関して最も有名な説はダーウィンが提唱したもので、日光に暖められ、生命は栄養がたくさんある池から生まれたという説だ。その後、科学者らがダーウィンの考えをさらに発展させ、生命が誕生したときの大気にはメタンとアンモニアが充満しており、その大気の環境の中、どこかの浅い池で誕生したというのだ。

しかし、研究が進むにつれて、この説に否定的な意見が多くなる。生命が誕生した頃の地球環境は、ダーウィンが提唱したような生温い環境ではなく、もっと有害な環境で過酷だったと推測できるからだ。

当時の地球は陸地が存在せず、火山活動がかなり活発だったといわれている。陸がないので、当然池など存在せず、火山の影響で海もかなりの高温だった。二酸化炭素濃度もかなり高く、オゾン層もないため紫外線も降り注いでいたのである。

生命の起源は宇宙から？

生命に関する実験で重要とされているのが、1953年に化学者スタンレー・ミラーが行ったアミノ酸の生成実験だ。

ミラーはメタン、アンモニア、水素、水蒸気で生命誕生当時の大気を再現し、放電で人工稲妻をつくることで、アミノ酸を作り出した。

アミノ酸は生命の基礎と呼ばれており、組み合わせることで生命にとって最も重要な物質であるタンパク質ができる。

ただし、未だにアミノ酸がタンパク質になる過程、タンパク質が生命になる過程は明らかになっていない。もちろん、こんなことが可能になれば、人間がゼロから生命をつくれるというSFのような話になる。しかし、この方法が判明しない限り、生命の誕生の秘密はわからないままなのである。

最近、注目されているのが「パンスペルミア説」だ。生命は地球で誕生したわけではなく、宇宙に広く存在しており、地球最初の生命も元々は宇宙からやってきたものだという説だ。もちろん、UFOでやってきたわけではなく、隕石や彗星によって生命の素材が地球にもたらされた。一見空想のように思える説ではあるが、いくつか証拠も出てきており、あり得ないとは断言できない。

最初の生命が存在しなければ、恐竜も私たちも存在しない。生物史の中でも、生命の誕生が最も重要なトピックスだったことに疑いの余地はない。

爆発的な進化を遂げたカンブリア紀の謎

生物史に残る大事件「カンブリア爆発」

生物は最初から現在のように多種多様だったわけではない。5億4000万年前から始まるカンブリア紀に、生物の種類は飛躍的に増えた。この現象のことを「カンブリア爆発」と呼び、生命誕生に勝るとも劣らない大事件と言われている。

動物界には門という分類方法がある。現在の動物は38門からできているが、これはカンブリア爆発直後からまったく変わっていない。カンブリア爆発以前の化石からは3門の生物しか存在を確認できなかった。いかに多様な進化が起こったかがわかるだろう。

しかし、カンブリア爆発の原因は未だに明らかになっていない。あのダーウィンでさえ悩ませたほどだ。

いくつかの説は唱えられていた。たとえば、カンブリア紀が生物の進化に最適だったという説だ。しかし、この説はカンブリア紀のクラゲの卵が大きかったことで否定された。卵の大きさと環境の最適さにどのような関係があるのだろうか。

通常、生物は卵から未熟な存在として生まれる。鶏から生まれるヒヨコを想像するとわかりやすいだろう。当然、その場合は卵が小さくなる。

しかし、周囲に敵が多い場合、卵から未熟なまま生まれてしまうと危険が伴う。そこで、卵から成熟した状態で子どもが生まれることもある。これを「直接発生」と呼ぶ。クラゲの卵が大きかったのは、卵から直接発生したことが原因と考えられる。つまり、進化しやすい環境どころか、かえって危険な環境だったと言えるだろう。

スノーボールアース現象（64ページ）がカンブリア爆発を引き起こしたという説もある。スノーボールアース現象が終わり、二酸化炭素濃度が上昇し、地球温暖化が始まったことで、爆発的進化が始まったというのだ。

三葉虫

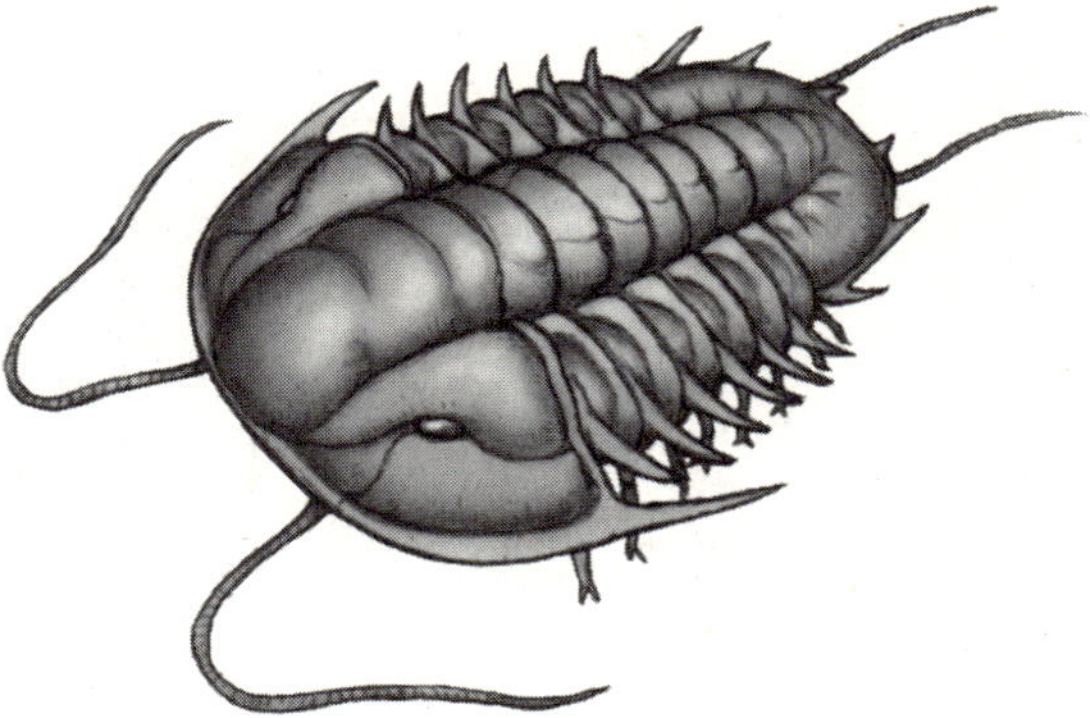

ただし、この説にも反論がある。カンブリア爆発は約5億4000万年前に起こっているが、スノーボールアース状態だったのは6億3500万年前だったと言われている。1億年近くも空きがある以上、スノーボールアースが直接の原因とは言えないのではないだろうか。

カンブリア爆発は化石上の記録

遺伝学が発展するにつれ、徐々に明らかになってきたことがある。それは、そもそもカンブリア爆発は化石上の記録にすぎないというものだ。カンブリア紀に爆発的に生物が増えたのではなく、当時の化石が多いため、そう見えるというのである。

生物の多様化自体はすでにカンブリア紀の何億年も前に起こっていたというのだ。それでは、なぜ急にカンブリア紀になって、多様な生物の化石が残るようになったのだろうか。

生物学者のアンドリュー・パーカーは、カンブリア紀に多種多様な生物が「殻」を入手したことがカンブリア爆発であると主張している。

殻を持たない生物は化石として残りにくいが、ほとんどの種類の生物が殻を持つようになることで、化石の残る数が爆発的に増えたという。

「視覚の誕生」によって生物が殻を持つようになった？

初めて視覚を持ったのは三葉虫？

カンブリア紀にあらゆる種類の生物が一斉に「殻」を持つように進化したのはなぜだろうか。古生物学者アンドリュー・パーカーは「光スイッチ説」を唱え、「視覚」の誕生により生物は爆発的に進化したと主張する。

最初に眼ができて視覚を手に入れたのは三葉虫だといわれている。5億4000万年前、カンブリア紀初期の三葉虫の化石では、すでに精巧な眼を手にしている。つまり、視覚の誕生自体はもっと前だったと考えられる。

視覚が誕生した理由については未だに明らかになっていない。しかし、視覚の存在は生物の新たな進化を促すことになる。

まず、視覚を手に入れた生物は、視覚を持っていない生物よりも非常に有利な状態になる。草食動物はエサを多く手に入れることができ、肉食動物は捕食関係で優位に立てるようになった。

視覚の誕生によって、捕食関係は激化することになる。視覚を持った捕食生物に対しての対策として、被捕食生物も視覚を手に入れた。

そして、視覚の誕生で激しくなった捕食関係に対応するために、自身の身体を硬い「殻」で覆い始めた。身体を防御するようになったのである。

カンブリア紀の捕食関係

カンブリア紀の捕食関係がいかに強烈だったかを示す化石も見つかっている。

カンブリア紀最強の生物と呼ばれているアノマロカリス。視覚が発達していたことはもちろん、身体の大きさと歯に囲まれた口は、まさしく生物を補食するにはもってこいだった。

三葉虫の化石の中には、アノマロカリスに噛まれた跡の残った化石が大量に見つかっている。

アノマロカリス

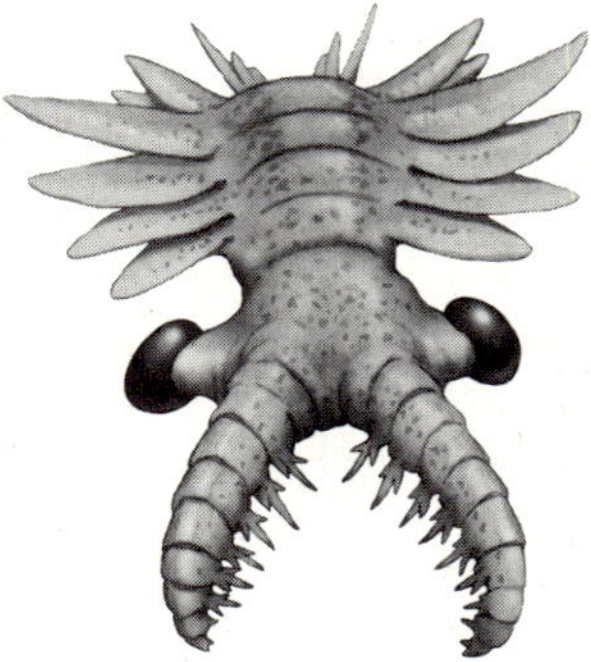

ウミサソリ

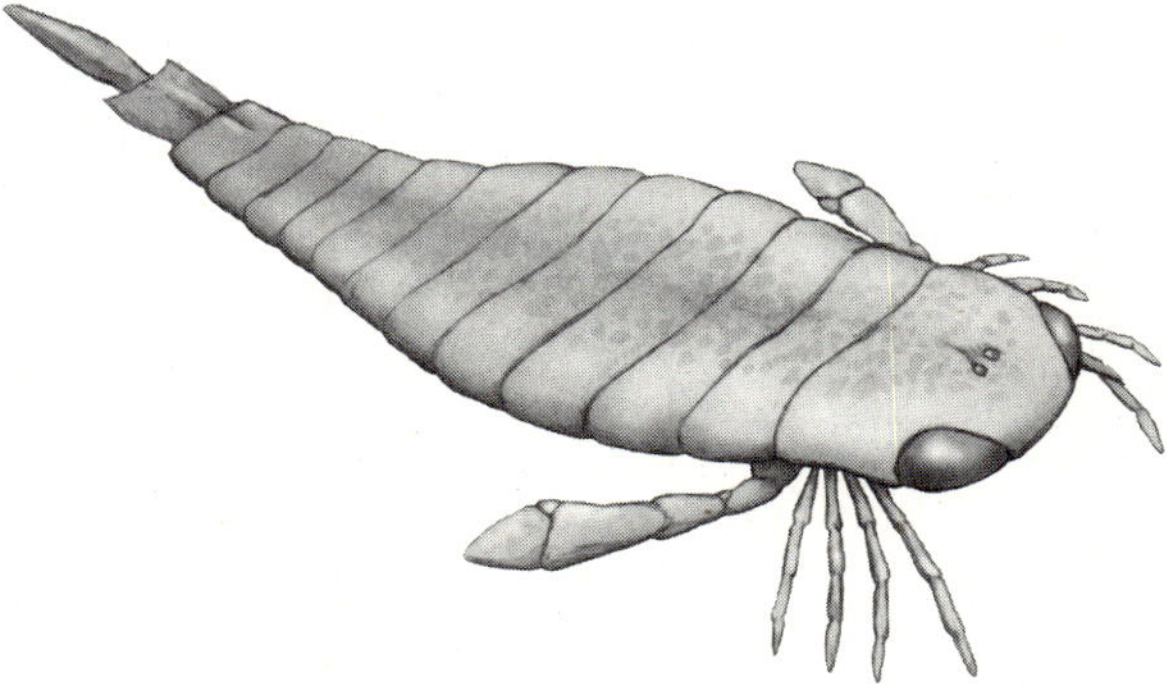

やがて、アノマロカリスは滅びるが、次は尾の先には毒針がついているウミサソリが海を支配するようになる。だが、ウミサソリも長くは生き残らなかった。

結局、強くはなかったが、最後まで生き残ったのは三葉虫だった。理由は明白で、数が圧倒的に多かったのである。現在でも化石として1500属以上、1万種類の化石が発見されている。

海の浅瀬では、何百匹もの三葉虫が群れをなしていたと言われている。それだけの数で群れられると、下手に相手も手を出すことはできないだろう。

カンブリア爆発によって、生物は視覚と殻を手に入れることになった。生物の多様化自体はそれ以前に起こっていたかもしれないが、それでも生物史に残る重大な転機であることは疑いようがないだろう。

生きものの「意識」が生まれたのはカンブリア爆発から？

意識が存在するのはエピソード記憶のため

私たちは、自分に意識があるのは当然のことだと思っている。しかし、地球上で初めて意識を持った生物が生まれた時期については明らかになっていない。

意識の誕生を考える際に重要なポイントとなるのは脳の存在である。まったく脳を持たない生物は意識も存在していないだろう。単細胞のアメーバは接触や光、熱さや寒さに反応を示すが、複雑な情報処理をすることはできない。

逆に、脳を持つ生物には、意識を持っている動物がいる。チンパンジーがその代表例だ。もちろん、人間以外は意識を持たないと主張する者もいるが、生物学者の中ではそのような人は少数派となっている。

生物に初めて意識が生まれたのは、カンブリア爆発がきっかけだ。カンブリア爆発で脊椎動物が生まれたからである。アンドリュー・パーカーの「光スイッチ説」（99ページ）によると、カンブリア紀前に生物の視覚は誕生した。最初に生物に眼ができたとき、その役割は「光の方向や動く影を捉える」だけだった。しかし脊椎動物になると、眼の役割が「高解像度のイメージを捉えること」に代わった。この視覚の発達に伴い、生物に「意識」が生まれた。

その理由は「今朝何を食べたか」といった「エピソード記憶をする」ためである。一方で、「イチゴは食べ物」など、体験に依存せずに、情報として記憶されるものを「意味記憶」と呼ぶ。意味記憶だけあれば、食べ物などの存在は認識できるため、生きていくことはできるだろう。

しかし、エピソード記憶ができなければ、過去の体験を参考にできず、場当たり的な行動しかできない。狩りに失敗した体験を生かし、次は別の戦略で獲物を追い詰める。これも、エピソード記憶によって可能になるのである。

エピソード記憶のためには、他者と自分の区分け、つまり私という存在の認識が必要だ。そこで、生物に生じたのが意識なのである。

どの動物が意識を持っているかについては、生物学者の中でさまざまな議論がある。鳥はエピソード記憶が可能だといわれており、チンパンジーは鏡の中の自分を認識できることから、これらの動物は意識を持っていると言われている。

人間の意識は物事を決定しない？

人間の意識が存在する理由について、「意識受動仮説」を慶応義塾大学教授の前野隆司は唱えた。

私たちは、自身の意識が何かを決定しているかのように感じるが、実は決定は無意識に脳が勝手に行っていると前野は主張する。それを覚えておくために意識が決定したかのように錯覚するというのである。

実は、人間の意識は物事を決定していない、つまり人間には自由意志がないという説は脳科学の世界では主流になりつつある。もし、この事実が完全に証明されると、人間の責任能力とは何かという問題に発展する。世界の倫理観は大きく変わることになるだろう。

生きものの巨大化の秘密を解く鍵は「酸素」？

シアノバクテリアによって酸素が生まれた

私たちは酸素の存在を当たり前だと思っている。

しかし、酸素は最初から地球に存在したわけではない。事実、初期の地球の大気は、水素やヘリウムなどのガスに満ちあふれていた。

酸素が地球に生まれたきっかけは光合成だ。そして、初期の地球で光合成をして酸素の普及に大きな貢献をしたのが、シアノバクテリアという生物である。

このシアノバクテリアの誕生時期については、意見が大きく分かれており、25億年前から34億年前と幅がある。

はっきりしているのは、シアノバクテリアの誕生によって、空気が生まれ、オゾン層ができ、植物の陸上進出のきっかけになったことだ。酸素の登場で地球の環境は大きく変わった。そのため、シアノバクテリアの登場は、生物の進化において最も重要な出来事の一つと言えるだろう。

酸素濃度と身体の大きさの関係

約3億年前、石炭紀後期からペルム紀前期には、昆虫、哺乳類、爬虫類も、巨大化したことが、この時代の化石から判明している。

たとえば、ほとんどの昆虫が巨大化したこの時代には、カモメ並みに大きいメガネウラと呼ばれる巨大トンボも存在していた。

最近の研究では、この巨大化の原因に酸素が関係していることが判明した。巨大トンボの時代の酸素濃度は高く、30％を超えていたのである。

昆虫は気管を通して体内に酸素を行き渡らせる。従来の酸素濃度で身体を大きくすると、体内の酸素量が足りなくなってしまう。しかし、酸素濃度が濃くなると、身体が大型化しても十分な酸素量を体内に取り入れることができるのだ。

また、イギリスのプリマス大学のウィルコ・バーバークは、昆虫の巨大化の原因を、酸素が成虫の時期だけではなく、幼虫の時期にも大きな影響を与えるからだと主張している。

酸素は生命に不可欠な存在だが、大量に摂取すると毒にもなりうる物質でもある。そのため、取り入れる酸素量は呼吸などで調整される。

しかし幼虫は皮膚から直接酸素を取り入れるため、酸素量の調整ができない。高濃度の酸素は、幼虫にとって毒になってしまうのである。この毒を薄めるために、幼虫は巨大化したというのだ。

実は、地球の酸素濃度が下がった後も、巨大化した昆虫は生息し続けていた。しかし、酸素が足りないため、動きを抑えざるをえない巨大昆虫は、他の種に生存競争で敗れ、絶滅していったと考えられる。

シアノバクテリア

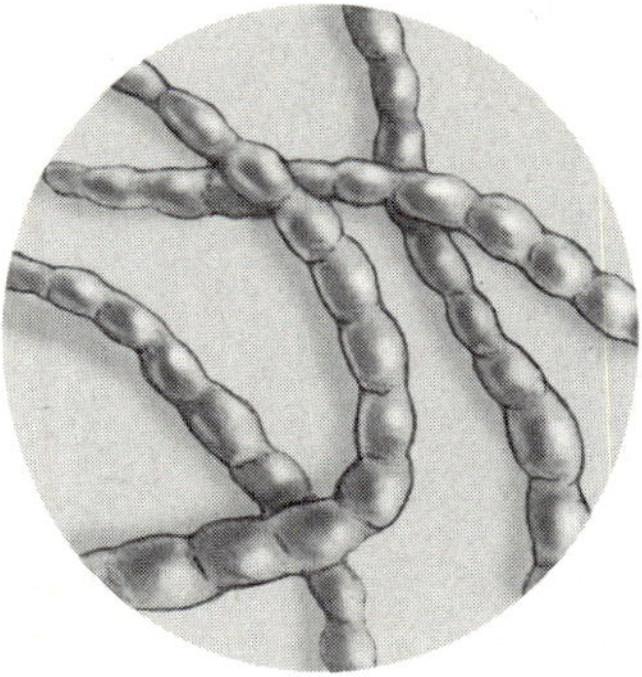

メガネウラ

進化が止まっていた空白の10億年

バクテリアの栄養で進化が止まった

約25億年前に海中の酸素濃度が上がってから（106ページ）、約17億年の間、生物の進化は止まっていた。そのため、地球上で最初の動物が生まれたのは約7億年前と言われている。

進化が止まっていた原因は、バクテリアの栄養が不足していたことだとカリフォルニア大学の宇宙生物学のティモシー・ライオンズは主張する。

バクテリアは、大気中にある窒素を生物にとって有効な物質に変えてくれる。この過程を「窒素固定」と呼ぶ。

たとえば、バクテリアが窒素をアンモニアに変えることで、植物がアンモニアを吸い取ってアミノ酸を生成できる。その後、動物が植物を食べることで、タンパク質のもととなるアミノ酸を摂取できるという好循環が生まれるのだ。

しかし、バクテリアが「窒素固定」をするためには、栄養素となる大量のモリブデンという物質が必要不可欠だ。進化の止まっていた17億年間は、モリブデンが不足していたのである。

モリブデンが海中に広がるには時間がかかる。

まず、モリブデンは岩石に含まれているので、風化で削り取られてから、海に流れ込まなくてはいけない。海に流れ込んでも、硫化水素と結合して沈んでしまう。酸素量が増えることで、ようやく海中にモリブデンが漂い始めるのである。

バクテリアが増殖しない限り、生物の進化は起こらない。そのために、モリブデンが必要不可欠なのだ。

動物の登場で生存競争が激しくなった？

私たちは、当たり前のように植物と動物を区別している。しかし、植物と動物の違いは何かと問われると、答えに困る人がほとんどではないだろうか。

古生物学者のリチャード・フォーティは、動物は「食べる」「呼吸をする」という二つの特徴を持っていると主張する。この二つの特徴から、動物は「植物がなくては生きられない存在」ということになる。

肉食動物であれば草食動物を食べ、草食動物は植物を食べる。もし、植物がなかったとしたら、草食動物は生きられず、結果として肉食動物も生きられないことになるのだ。呼吸にも酸素が必要不可欠だが、酸素は植物が光合成をしてくれない限り存在しえない。

植物は、自分自身の力で成長し、栄養素を生み出しているのに対して、動物は植物のあるところでしか生きられない。動物が海から陸上に進出する際も、まずは植物が先に地上に進出していたのである（47ページ）。

動物は食物を確保しなければ生きていけない。植物の間でも光の奪い合いなどの競争はあったが、動物の登場で生存競争がより一層激しくなったのである。

恐竜と哺乳類、その後の進化とは？

恐竜と哺乳類の違いは呼吸法

哺乳類の祖先を知ることは、私たち人類の祖先を知ることでもある。

地球上で最初に哺乳類が誕生したのは三畳紀の後期、２億２５００万年前だ。恐竜の誕生と同時期だったと言われている。

同じ時代に生まれた哺乳類と恐竜だが、その大きな違いは呼吸器官だ。

当時は酸素濃度が薄かったことから、恐竜は「気囊《きのう》」と呼ばれる呼吸器官を備えていた。肺へ恒常的に酸素を送り込める、効率的な呼吸器官といえる。現代では鳥も同じ呼吸器官を使っている（１６３ページ）。

一方で、哺乳類は、横隔膜を呼吸器官とした腹式呼吸のため、呼吸効率は気囊よりも悪い。ただし、横隔膜ができる過程で、腹部の肋骨が消失するという特徴を持つことができた。このおかげでおなかで子どもを育てる胎生が可能となったのである。胎生は母親と胎児が直接つながり酸素を送り込めるため、より安全に子どもを育てられる。

このように、恐竜と哺乳類は同じ時代に生まれながら、まったく別の進化を遂げることになった。

ちなみに最初の哺乳類はアデロバシレウスと呼ばれており、体長10センチほどで、ネズミのような小ささだった。夜行性で、特に聴覚が発達しており、昆虫の動き回る音を察知し、捕食していた。

現在の哺乳類はゾウからネコまで大小様々な動物が存在しているが、恐竜が幅をきかせていた時代が終わるまでは、小さな身体でひっそりと暮らしていたのである。

もちろん恐竜の時代も哺乳類の進化が完全に止まっていたわけではない。

中には、レペノマムスという、体長1メートルほどで小型恐竜を食べてしまう哺

アデロバシレウス

レペノマムス

乳類まで存在していたようだ。

爆発的進化の理由とは

哺乳類が爆発的に進化を遂げるのは、白亜紀の大量絶滅が終わった後だ。もちろん、一番大きな原因は、天敵である恐竜がいなくなったことだ。恐竜にとって大量絶滅は不幸な出来事だったが、哺乳類にとっては進化のために必要不可欠な出来事だったと言える。

哺乳類の進化の理由はそれだけではない。聴覚のさらなる発達により、脳が大型化したことも進化の原因の一つだ。

恐竜の時代にひっそりと聴覚を研ぎ澄ませていた哺乳類は、音から物事を判断する情報処理能力が発達した。その結果、脳が大きくなり、学習能力が発達したのである。哺乳類が、他の生物に比べて賢く見えるのも当然だろう。

初期の恐竜のサイズは大きくなかった？

初期の恐竜は二足歩行だった

私たちが恐竜を想像するとき、どのような姿を想像するだろうか。おそらく、巨大で四足歩行をしている姿が自然と浮かんでくるはずだ。

もちろん、その想像は間違ってはいないが、実は恐竜が初めて誕生した頃の身体は体長1メートル程度で、すべての恐竜が二足歩行だった。

初期の恐竜が二足歩行だった理由について、当時の酸素濃度が関係していると古生物学者のピーター・ウォードは主張している。

恐竜が初めて誕生したのは三畳紀の後期。当時の酸素濃度は海抜0メートルでも10％程度とかなり低かったと言われている。酸素濃度10％程度は、現在で言うと標高4500メートル近い山にあたる。地球全体でいかに酸素濃度が低かったかは想像に難くないだろう。

そして、この酸素濃度の低さが二足歩行に関係している。

四足歩行のトカゲは走りながら呼吸することができない。腹這いで進むため、走る度に肺が圧迫されるからだ。

一方で、二足動物であれば、運動中に肺などに負担がかからないため、呼吸と運動を同時に行うことができる。獲物を追っているときも呼吸が可能になったのだ。

恐竜の巨大化の原因とは

次に、1メートル程度だった恐竜が、私たちが想像するような巨大な恐竜になった理由を考えてみよう。

一番大きな理由は、酸素濃度の変化である。三畳紀後期は10%と薄かった酸素濃

巨大化した恐竜

度が、恐竜全盛期の白亜紀には30％を超えるようになった。

酸素濃度が濃くなると、身体を大きくしても十分な酸素を取り入れられるため、身体が次第に巨大化していったのである（１０６ページ）。

当時の重力が関係しているという説もある。

もし、当時も現代と同じ重力だとしたら、恐竜の身体の重さを支えきれないというのだ。限界は、現在のゾウの重さである約10トン。現代にゾウ以上の大きな生物は存在しないのもそのためである。

ただし、重力が変化したという具体的な根拠はない。

恐竜が身体を支えられたのは、身体の大きさの割に重さが伴っていなかったという説もある。最近の研究では、恐竜の体重がかつての推定よりも重くはなかったことが判明している。骨が軽いなどがその原因と考えられる。

未ださまざまな説が入り乱れる恐竜の巨大化だが、いずれ判明してくだろう。恐竜以前も以後も、恐竜ほど大きい生物は現れてはいないのだから。

第4章

絶滅していった動物たち

突如としてマンモスが消えた原因

カンブリア紀に起きた絶滅事件の功と罪

カンブリア紀も絶滅事件で終わる

カンブリア爆発は生物史に残る大きな出来事の一つだ。眼の誕生や捕食関係が激しくなるなど、今までの生態系から大きな変化を迎えた。

しかし、カンブリア紀も絶滅によって終わりを迎えるが、この絶滅事件を大量絶滅と呼ぶかは議論の分かれるところだ。海洋生物の15%~20%が絶滅したことから決して小さな絶滅規模ではないことがわかるが、ビッグファイブ（56ページ）と呼ばれる絶滅ほど大規模な絶滅ではない。

カンブリア紀の絶滅では、特に海洋に生息していた無脊椎動物が多く絶滅したと言われている。オレネルスなど、三葉虫の一部を絶滅させた。

従来の説が覆された？

カンブリア紀末の絶滅はたった1回だけではなく、3～4回にわたって起こったと推測される。

今までカンブリア紀末の絶滅の原因は、生息する動物の変化、そして低酸素と高温だと言われていた。しかし、最近の研究によると、酸素濃度はむしろかなり上昇していたことが判明している。

海底に大規模な有機物が沈んでいたこと、水が冷たかったこと、これら二つの証拠が見つかったことから、酸素濃度の上昇を推測できるのである。この現象のことを「SPICE」と呼ぶ。

生物学者のピーター・ウォードは酸素濃度が上昇した理由は、火山の噴火や大陸の移動によって、熱帯に多くの陸地が集中したからだと主張した。有機物の埋没量が増え、酸素濃度が大きく上がったのである。

オレネルス

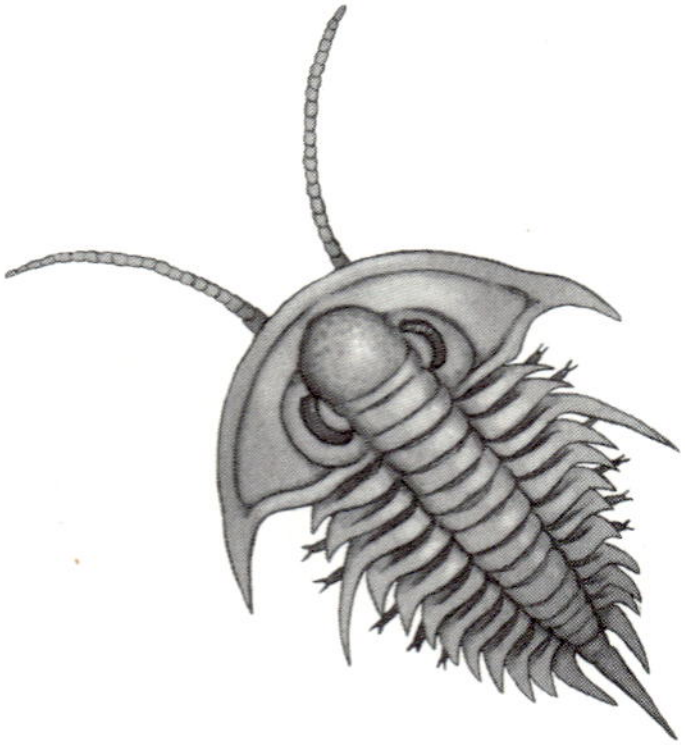

SPICEは、絶滅事件として、かなり異例の出来事である。通常、大量絶滅は酸素濃度が低いときに起こる傾向にあるからだ。

SPICEによって酸素濃度が高まったことで、サンゴ礁などオルドビス紀の新たな生物が生まれることになる。その後の生き残った三葉虫は、身体の構造を大きく変えるなどの進化を遂げる。生物の進化にも大きく貢献した大量絶滅だったのだ。

カンブリア爆発からさらに一歩進化するために、SPICEも必要不可欠だったのである。

正体不明のエディアカラ生物群とは？

ライバルのいない平和な時代

１９４６年に、オーストラリアのフリンダーズ山脈のエディアカラ丘陵で発見された化石のことを「エディアカラ生物群」と呼ぶ。カンブリア紀の前の６億年前から５億４２００万年前に生息していた。

エディアカラ生物群はクラゲなどに似ていて、「柔らかい」「平たい」「薄い」という特徴があり、最大で体長１メートルを超えた生物も存在したという。

特にライバルもいなく、捕食される心配もなかったので、浅い海を殻ももたずに無警戒でさまよっていたみたいだ。

エディアカラ生物群の絶滅理由

現在、エディアカラ生物群の化石は6つの大陸の約30箇所で70種類発見されており、世界中で繁栄していたことが推測される。

これだけ繁栄したエディアカラ生物群だが、その正体は明らかになっていない。通常であれば、これだけ繁栄したエディアカラ生物群がいるのだから、私たちの遠い祖先だと考えるのが自然だろう。

しかし、ドイツのアドルフ・ザイラッハー教授は、「すでにエディアカラ生物群の子孫は途絶えており、現存する生物とはまったく関係ない」と主張した。体の構造が現在の生物と異なるというのだ。

つまり、エディアカラ生物群はほとんどがカンブリア紀には絶滅してしまったと考えられる。

エディアカラ生物群

絶滅の原因は明らかになっていないが、捕食関係の激化が原因という説がある（99ページ）。

エディアカラ生物群は、身を守る殻を持っていないので、殻を持つ生物に一網打尽にされてしまったとする説だ。

明確な根拠はないのだが、エディアカラ生物群の化石が激減する時期に、捕食動物の爪の化石が増え始めたという事実はあるのだ。偶然ではないのかもしれない。

突如としてマンモスが消えた原因

マンモスは人間に滅ぼされた？

シベリアで見つかったマンモスの化石から、マンモスはアフリカゾウに似ていたと推察される。日本では北海道で化石が発見された。２万年前に、大陸から移動してきたと考えられている。

しかしマンモスは、約１万年前に突然地球上から絶滅してしまった。マンモスの絶滅した原因は未だに明らかになっていないが、現在三つの説が挙げられている。

まず、有力な説として過剰殺戮説がある。昔の人類が、狩猟のしすぎでマンモスを滅ぼしたという説である。

当時の人類は、一日１キロの肉を食べていたと推測される。これだけの肉を小動物から得るのは難しいため、一回の狩猟で大量の肉を得られるマンモスを狩っていたのだろう。

ただし、シベリアの広大さと、当時の人口密度から考えると、マンモスを人類の力だけで絶滅させたと考えるのは難しいかもしれない。

もう一つ、有力とされているのが気候変動説である。1万4000年前にサルタンスキー氷期が終わると、地球全体で温暖化が始まった。

この温暖化によって、地球上の植物の在り方が変化したことが、マンモスに大きなダメージを与えた。

温暖化が始める前はヤマヨモギやセイヨウノコギリソウなどの葉の広い広葉草本が栄えており、マンモスはそれを好んで食べていたと言われている。

しかし、温暖化が進むことで、広葉草本は地球上から減少し、イネ科植物が優勢になったと言われている。

広葉草本はタンパク源としての役割もあったので、マンモスにとって非常に消化しやすかったと推測できる。逆に、イネ科植物は消化しにくかったため、マンモス

マンモス

ヤマヨモギ

セイヨウノコギリソウ

を絶滅に追いやった可能性があるのだろう。

その他の絶滅説

病原菌蔓延説と呼ばれる新説もある。マンモスの遺骸から炭疽菌の一種と推測できる未知の病原菌が検出されたことがこの説の発端となった。

炭疽菌は哺乳類の死骸から地中に浸透する。やがて、植物の根に付着し、その植物を別の動物が食べることで、病原菌が感染していくのである。

ただし、この説にも欠点がある。それは、病原菌の詳細がわからないこと、そして短い間に広大な地域で感染するのは難しいことだ。

現在、マンモス絶滅に関してはさまざまな説があるが、もちろんどれか一つではなく、これらの原因が積み重なってマンモスが絶滅したのかもしれないとも考えられる。いずれにしても、マンモス絶滅に関する詳細なメカニズムについては、今後明らかになっていくことだろう。

ドードーは人間によって滅ぼされた？

かつて平和に暮らしていたドードー

ドードーという鳥をご存じだろうか。鳩に似ているが、大きさが違う。体長１メートルと巨大な鳥だ。モーリシャス島のモーリシャスドードー、ロドリゲス島のソリテアー、レユニヨン島のシロドードーの３種類が存在したが、モーリシャスドードー以外に関しては、ほとんど実態が掴めていない。モーリシャスドードーが最後に目撃されたのは１６６２年と言われている。

ドードーは鳥でありながら、翼で空を飛ぶことができない。その必要がまったくなかったからだ。食事は木の実、果実、木の葉などを食べる上、モーリシャス島はドードーにとっては平和だったので、敵から逃げる必要がなかったのだ。

飛べないため、巣を木の上などではなく、地面につくっていたようだ。当然卵も地上で温めて育てていた。これも、モーリシャス島の生態系を考えると、安全で経済的だったからである。

人間の上陸で状況が一転する

ドードーは捕食者のいない環境で育ってしまったため、たとえ人間が近づいてきても決して恐れなかったそうだ。そして、歩くスピードも非常に遅かった。これが、絶滅の大きな原因となってしまう。

ちなみに、ドードーという名前の由来は、オランダ語の「のろま」またはポルトガル語の「愚か」という意味だという説もある。

モーリシャス島に人間が上陸すると、警戒心が薄く狩りやすいドードーを食用として大量に狩るようになった。あまり美味しくはなかったそうだ。そして、最終的にはゲーム感覚で殺されるようになる。乱獲することでドードーが絶滅するとは想

ドードー

像もしていなかったのだろう。森の奥に行けば、どうせまたドードーがいると思っていたのかもしれない。

しかも、敵は人間だけではなかった。オランダ人の手によって、モーリシャス島にヤギや鶏などの動物が持ち込まれてしまったのだ。

中でもドードーにとって危険だったのがブタとサルだ。彼らは雑食性だったため、ドードーはもちろん、ひな鳥や巣をも捕食していったのだ。

最初に人間が連れ込んだブタやサルの数は大したことなかったが、どんどん増えていった。

オランダ人が動物をモーリシャス

島に解き放った原因は不明だ。船上のサルが逃げたか、サルの肉を食べるためにあえて放し飼いにしたなどの原因が考えられる。

結果的に、モーリシャス島の個体の数はどんどん増えていった。特にサルは4000匹以上まで増えたと言われており、この雑食動物の大群がドードーの絶滅を大きく進めたことは間違いないだろう。

もちろん、厳しい生存競争の世界でドードーはあまりにのんきすぎたのは事実だ。しかし、だからと言って人間が動物を絶滅させていいのか——。

私たちはドードーの存在を教訓にする必要があるだろう。

絶滅していない？　ニホンオオカミの行方

ニホンオオカミは農耕の神と崇められていた

ニホンオオカミという動物をご存じだろうか。名前の通りオオカミ類の一種で、かつて日本の本州、四国、九州に分布していた。

また、１９９２年に広島県の福光寺に保管されていた頭骨がニホンオオカミのものだと鑑定されたことで、中国地方にも生息していたことが明らかになった。

ニホンオオカミは早朝と夕暮れに活動しており、３～６頭程度で群れをつくる傾向にあったようだ。鹿やイノシシを主食としており、群れで鹿やイノシシを追い詰めていた。

農耕作業にとって非常に迷惑な鹿、イノシシを退治してくれることから、ニホンオオカミは古代から農耕の神と崇められていた。また、人間を襲ったケースはほとんどないそうだ。

絶滅の原因とは？

1905年に奈良県で捕獲された若いオスを最後にニホンオオカミは絶滅したと言われている。

絶滅の原因は明らかではないが、いくつかの説が挙げられている。まず、ジステンパーや狂犬病が流行したことだ。病気の影響でニホンオオカミが人を襲うようになったことで、人間によって徹底的に駆除されたというのだ。

それ以外にも、銃が発達したことで明治時代に鹿やイノシシが乱獲されるようになったこと、山林の開発が進みニホンオオカミの居場所がなくなったことなども原因と考えられる。

ニホンオオカミ

また、興味深い研究報告もある。東京農工大学の中沢智恵子によると、東北六県の公文書調査でニホンオオカミが害獣として駆除されていたことが明らかになったのだ。

特に岩手県では、オオカミの捕獲に懸賞金をかけていた。明治維新後、政府は天皇の支配によって日本の治安を守ろうとしていた。

しかし、人が大切に育てた家畜を補食してしまうオオカミは、治安を脅かす存在と認識されるようになる。

天皇の支配拡張を妨げる、と目をつけられ、駆除が始まったのだ。

1875年に駆除を始め、それから5

年間で201頭のオオカミが捕獲されたと記録には残っている。

ニホンオオカミが絶滅したと認定されているのは、環境省のレッドリストにより「過去50年間に生存が確認されなかった生物は絶滅したものとする」と定められているからだ。

しかし、全国各地でニホンオオカミの目撃情報があがっている。もちろん、目撃者の勘違いなどの可能性も否定はできないが、未だにニホンオオカミが日本にいる可能性はあるかもしれない。

今後、ニホンオオカミが生存しているという有力な証拠が見つかれば、絶滅動物ではなくなる可能性も否定は出来ないだろう。

コノドントとは何者だったのか？

年代を測るバロメーター

カンブリア紀から三畳紀にかけて、コノドントと呼ばれる生物が存在したと言われている。1856年に存在が確認されてから、世界中でその化石が発見され続けているのだ。

コノドントとはラテン語で「円錐状の歯」という意味。0・2〜1㎜程度の微化石のため、観察は顕微鏡を通して行う。

コノドントは長い間、謎の生物と言われていた。歯だけが化石として残っており、胴体などの化石が発見されなかったためである。

判明していたのは、コノドントはカンブリア紀から三畳紀にかけて生息していたこと。コノドントの含まれた岩石の種類から、浅海から深海までの幅広い環境に生息していたことも推測されていた。

生態がよくわからないコノドントが注目されるのは、数や大きさが多種多様だったためである。さらにコノドントが生息していたカンブリア紀から三畳紀の間には、2回の大量絶滅が起きている。つまり、大量絶滅を生き延びた貴重な生物の一種なのだ。

そのため、どの種類のコノドントの化石が出るかによって、その石灰岩の年代を測ることができる。つまり、コノドントは年代を測るというバロメーターとしての役割を果たすのである。

コノドントは脊椎動物の祖先だった

コノドントの正体が明らかになったのは1982年。スコットランドで、胴体のついたコノドントの化石が発見されたことがきっかけだった。この化石から、体長が20㎝～50㎝のウナギのような細長い脊椎動物だったと判明した。

コノドントの正体が明らかになると同時に、脊椎動物はカンブリア紀から存在していたことが明らかになった。

ただし、胴体の発見以前から、コノドントは脊椎動物の仲間という推測はされていた。歯の器官がリン酸カルシウムという骨の材料でできていたことがその根拠である。

そのため胴体の発見は、その推測がより確実な事実として証明された出来事と言えるだろう。

ただし、二度の大量絶滅を生き延びたコノドントも、三畳紀に入ると一気に種類を減らし、そのまま絶滅する。その理由は判明していない。未だにすべてが謎に包まれている生物だと言えるだろう。

第5章

生物の進化の不思議

恐竜の子孫が鳥って本当？

3億年生き延びた三葉虫の「ある進化」

三葉虫が進化の目撃者になれたわけ

三葉虫は「進化の目撃者」と呼ばれている。カンブリア紀に誕生してから、何度も大量絶滅を乗り越え、約3億年も生き延びたからだ。ペルム紀の大量絶滅をきっかけに地球上から姿を消すが、この記録は驚異的だ。

人類は未だに700万年しか生き延びていないことを考えると、三葉虫がいかにさまざまな時代を目撃してきたかがわかるだろう。

三葉虫がこれだけ生き延びることができたのは、敵から身を守るためにさまざまな姿に進化できたことが大きな要因だ。

その代表的なものが、カンブリア紀に生物の中で初めて視覚を手に入れたことである。5億4000万年前の化石から、その痕跡が見つかったのである。

このときの三葉虫の進化が、生物全体の進化にも大きな貢献をした。というのも、視覚を持った生物は捕食関係で優位になるからだ。つまり、三葉虫が補食関係で有利になったことで、それに対抗するために他の生物も視覚を持つようになったのである。

同時期、一部の生物は簡単に捕食されないように殻を持つようにもなった。三葉虫をきっかけに、カンブリア紀の生物が劇的な進化を遂げたのである。これがよく耳にするカンブリア爆発である（95ページ）。

もし、三葉虫が視覚を手に入れていなかったら、現在の生態系は大きく変わっていたのかもしれない。

棘を持つようになった理由

カンブリア紀後も、三葉虫は進化を続けていく。

たとえば、三葉虫の最盛期と呼ばれるオルドビス紀には、現在のダンゴムシのように体を丸めることができるようになった。

その後、デボン紀の三葉虫の進化も顕著である。それまで、三葉虫は固い殻のおかげで、捕食されにくい環境でのんびりと生息していたと考えられる。

しかしデボン紀になると魚が進化し、あごを持つようになった。魚の時代と呼ばれるゆえんだ。

魚があごを持つということは、三葉虫の固い殻もかみ砕けるようになる。三葉虫はさらなる進化に迫られたのだ。

この時期の三葉虫の進化は、身体にトゲを持ったことだ。もちろん魚に食べられないためである。食べると自分が傷ついてしまうとなれば、魚も捕食しようとは思わなかっただろう。

現在までに見つかった三葉虫の化石は1万種類以上。同じ三葉虫といっても、環境によって姿形はかなり違っている。この違いこそが進化の軌跡であり、三葉虫が3億年生き延びた努力の痕跡とも言えるだろう。

生き残ったオウムガイと絶滅したアンモナイトの違いとは？

オウムガイは「生きた化石」

オウムガイとアンモナイト。両方聞いたことのある名前だが、違いがわからない人は多いのではないだろうか。

まず、二つの生物の共通点は頭足類という軟体動物に属している点だ。見た目は非常にそっくりだが、あくまで別の種の生物。細かく見ていくと、体の構造には明確な違いがある。

体の構造の中でも、一番の違いは初期室という殻を持っているかどうかの違いである。初期室とは、殻の中心にある巻きはじめの殻のこと。アンモナイトは初期室を持っているが、オウムガイは初期室を持っていない。

オウムガイとアンモナイトの最大の違いは、絶滅したか否かである。アンモナイトはデボン紀に誕生し、白亜紀末に恐竜と一緒に絶滅している。つまり、現在は化石でしか存在を確認することができない。

一方で、オウムガイはデボン紀よりさらに前のカンブリア紀に誕生し、今も生き残っている。つまり、「生きた化石」であり、実際に体の構造などを調べることができるのだ（153ページ）。

イカ・タコとの関係

頭足類の代表的な動物として、イカとタコを挙げることができる。

一部の種を除いて、イカやタコに殻がないのはみんなご存じだろう。一方で同じ頭足類のオウムガイには殻が存在する。

なぜ、イカやタコから殻がなくなったのだろうか。これには、オウムガイに殻が存在する理由が関係してくる。

オウムガイ

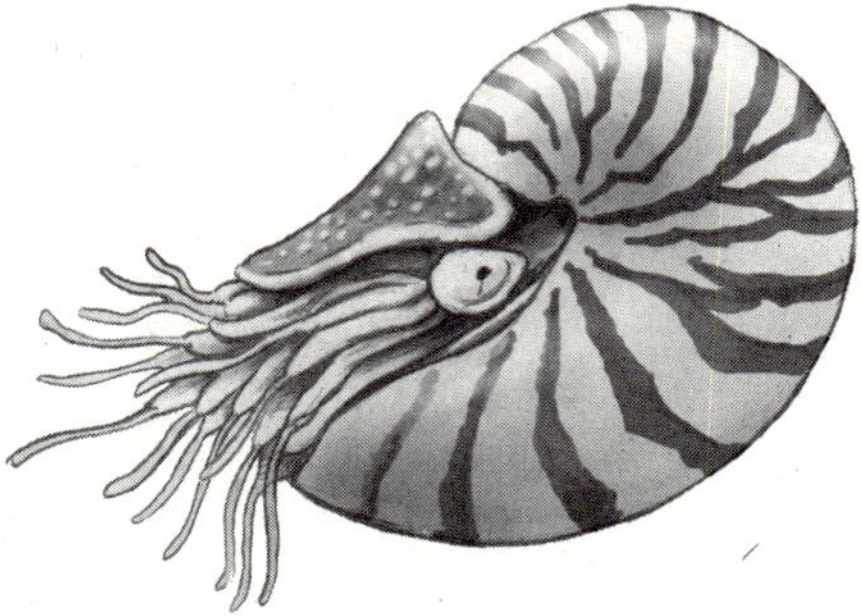

アンモナイト

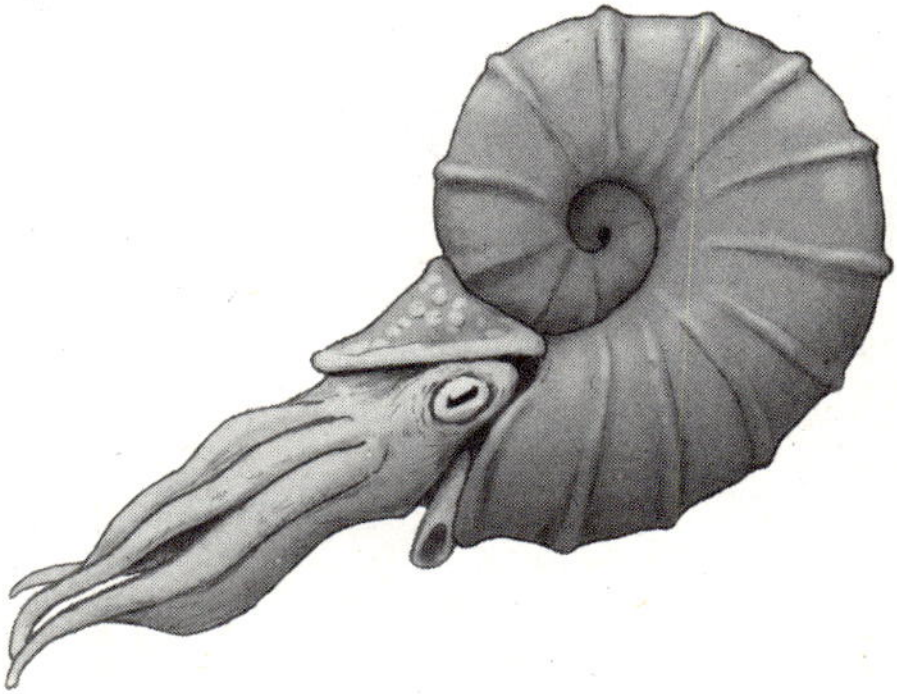

オウムガイの殻が存在する理由については、殻の中の部屋にガスをため込むことで、浮力を得るためだと考えられてきた。

しかし、水の中で浮く方法は殻だけではない。体が水の比重と等しくなると、中性浮力というものが発生し、浮きも沈みもしなくなる。

そして、自然選択の結果、殻の重さから解放されるためにイカやタコは殻を体から消し去ったのである。

イカやタコなどの頭足類は、現在でも肉食動物として海中で活躍している。その進化の過程を知る上で、オウムガイやアンモナイトは重要な存在になるだろう。

「生きた化石」シーラカンスのスゴイ歴史

シーラカンスは4億年前から生息している

シーラカンスという名前を一度は耳にしたことがあるだろう。だが、シーラカンスが、そもそもどういった生物かを知っている人は少ないのではないだろうか。

シーラカンスの化石が最初に発見されたのは1822年だったが、当時はまだこの化石はシーラカンスと呼ばれていなかった。そのような分類はなかったのだ。1844年にシーラカンス目という種類に分類された。

シーラカンスは約4億年前の地球に生息していた。そして、その後絶滅したと近年までは考えられていた。しかし、1938年に衝撃的な発見があった。南アフリカのイーストロンドンで、シーラカンスの1種が生きている姿で発見されたのだ。

その後、研究者は懸賞金をかけ2匹目以降のシーラカンスを探し始めた。2匹目が見つかるのに時間はかかったが、1952年にコモロ諸島、1997年にインドネシアで次々とシーラカンスが発見されることになる。

アフリカとインドネシアと離れた場所で発見された理由は、それぞれ別の種類のシーラカンスだからである。

シーラカンスが生き残った理由

シーラカンスは進化の速度が遅い。アフリカとインドネシアのシーラカンスは約3500万年前に分かれたと言われているが、ほとんど外見の区別はつかない。絶滅した他の種類のシーラカンスとも体の構造はほとんど変わらないのだ。

つまり、現存するシーラカンスは、4億年前とほとんど姿形を変えていないのである。こういった生物を「生きた化石」と呼ぶ。4億年を生きながらえた生物がいかに貴重かは想像に難くないだろう。

では、なぜシーラカンスは生き延びることができたのだろうか。理由として考えられているのが、シーラカンスの住処である。

シーラカンスは海底150メートルから700メートルに生息している夜行性の魚だ。昼間は岩陰に潜み、夜は海底でエサを探す。

海底には、サメのような捕食動物が少なかったため、生き延びることができたのではないかと言われている。4億年前からほとんど進化していないのも、進化の必要がないくらい安全な場所だったからだろう。

シーラカンスの最大の特徴はヒレの部分。通常の魚であれば、ヒレと脊椎はつながっていない。しかし、シーラカンスのヒレは脊椎とつながっている。これは、浅瀬に住んでいたシーラカンスが、陸上にエサを求めるためにほふく前進できるよう進化したからだと考えられる。

つまり、シーラカンスの体の構造を調べることで、四足動物がどのように海から陸に上がったかも解明できるかもしれないのだ。

シーラカンスは、かつての生物がどのように進化したかを私たちに伝えてくれるという意味でも、貴重な「生きた化石」なのである。

キリンの首の長さをめぐる失われた進化の軌跡とは？

キリンの首の進化は食糧難が原因？

キリンの先祖にパレオトラグスと呼ばれる動物がいた。パレオトラグスの首は現在のキリンのように長くはなかった。つまり、キリンは進化の過程で首が長くなったのである。

では、キリンはなぜ首が長くなったのだろうか。ダーウィンの進化論に照らし合わせて一般的に言われているのは、より高い木の葉や芽を食べられる首の長いキリンが、自然選択の結果生き残ったという説だ。

当時、パレオトラグスがいたサバンナは食糧難に陥っていた。多くの草食動物が存在したのに対して、草や芽が足りていなかったのだ。そこで、草食動物たちは「首を上げて食事をする種類」と「首を下げて食事をする種類」に分かれることになる。なるべく、サバンナにある食糧を分け合おうとしたのだ。パレオトラグスは、首を上げて食糧を得る動物だった。しかし、いくら首を上げて食べるにしても、他にもライバルがいるのに変わりはない。

そこで、パレオトラグスから派生して変異で生まれたのがキリンだった。キリンは首が長かったため、他の動物に比べてより高い木の草や芽を食べることができた。そして、自然選択の結果生き残ることができたのである。

逆に、首の短いパレオトラグスは生存競争に負け、絶滅してしまったのだ。より高い木の草や芽を食べざるをえないという環境に適応した結果、首が長くなるように「進化」したのである。

首の長さが中間のキリンは存在しないのか？

一見何の問題もないように思えるこの説だが、一つだけ大きな問題点を抱えていると言われている。
それは、首の長さがキリンとパレオトラグスの中間程度の種が存在しないことだ。ダーウィンは、生物の進化はいきなり起こるのではなく、「ゆっくりと変化していく」と主張している。だとすると、首の長い現在のキリンと、首が短かったパレオトラグスの間に、その中間程度の首の長さを持ったキリンが存在していないとおかしいのだ。

しかし、今のところそういった首の長さのキリンの化石は一つも存在していない。つまり、そんなキリンは存在しなかったのだ。
これは大きな矛盾だ。ダーウィンの進化論だけでは、キリンの首の長さは説明できないのである。

キリンの首は、パレオトラグスから急激に進化したと考えられるが、その原因は未だに不明だ。首の長くなるウイルスに集団感染して、キリンの首が長くなったという新説もあるが、根拠は確かではない。

キリン

パレオトラグス

地味にスゴイ！　クモが繁栄している理由

クモはさまざまな環境に対応できる

クモは現在確認されているだけでも、４万種類以上存在する。

クモがこれだけ繁栄している理由は、さまざまな環境に対応できているからだ。都会の家の中はもちろん、砂漠や熱帯林までクモはあらゆる場所で生息できる。

クモは進化の過程で糸の使い道を増やしてきた。最も有名なのは獲物を捕るために動きを止めるというものだろう。

だがそれだけではなく、卵を守る、住処を移動する、衝撃を吸収するなどの役割もある。クモがあらゆる環境に対応できているのも糸のおかげなのだ。

ハラフシグモ類

もちろん、クモの糸も最初から現在のような形だったわけではない。進化の過程で、弾力や粘着性などが環境に適したクモが生き残っていったのである。

たとえば最古のクモは2億9000万年前のハラフシグモ類だと言われている。驚くべきことにハラフシグモは現在も生き残っており、ほぼ進化していない。「生きた化石」の一種である（153ページ）。ハラフシグモは、後から進化したクモのように獲物を縛り付けるほどの強い糸は持ち合わせていない。しかし、捕食者から身を守るために巣穴にドアをつくる、卵を守るなど、糸を活用して生き残っている。

クモの糸の変化のわけ

クモの巣という単語からは、円網のものをイメージするのではないだろうか。しかし、クモの巣は常に円網なわけではなく、あくまで環境に適応したものにすぎない。場合によっては、立体網や垂直円網と呼ばれる糸のはり方をすることもある。クモの糸はタンパク質でできており、複製の際に変異を起こしやすい。

クモは糸の変化と共に進化していった、環境の変化に適応しやすい生物と言えるだろう。

恐竜の子孫が鳥って本当？

始祖鳥が鳥と恐竜を結ぶ手がかり？

６６００万年前に絶滅した恐竜が、現代に生き残っていると言われたら信じるだろうか。実は、鳥こそが恐竜の子孫だという説が最近では定説になっている。絶滅したように見えた恐竜もわずかに生き残っており、進化を経て鳥になったというのである。

その根拠は、始祖鳥と呼ばれる鳥の最も古い先祖に隠されている。始祖鳥は１億５０００万年に生息しており、鳥への進化の途中段階だと言われていた。始祖鳥は、羽毛やＶ字型の叉骨《さこつ》など、現代の鳥類と同じ特徴を持っていた。一方で、鋭い歯や長い尻尾などは現在の鳥にはない恐竜の特徴である。

以前より、「始祖鳥は恐竜と鳥を結びつける手がかり」と言われていたが、進化の謎を解く決定的な情報は得られなかった。しかし、1996年に発見された羽毛に覆われた恐竜の化石で、鳥が恐竜の子孫という説が現実味を帯びてきたのである。

鳥が恐竜の子孫と言える二つの根拠

鳥が恐竜の子孫と呼ばれているのには、二つの理由がある。

まず一つ目は、身体の構造がとても似ていること。恐竜には2足で歩行する獣脚《じゅうきゃく》類と4足で歩行する鳥脚類に分けられており、獣脚類の脚はダチョウなどによく似ている。

共通点はこれだけではない。トロオドンという恐竜は、鳥のように手首を横に曲げ折りたたむことができた。オビラプトルはくちばしで固いものを食べていた。鳥と恐竜には共通点が多いのである。

二つ目の理由は、呼吸のシステムが同じだからである。

始祖鳥

トロオドン

オビラプトル

鳥は「気嚢《きのう》」という呼吸システムを持っている。「気嚢」とは肺に一方向に流れる呼吸器官のことだ。

「気嚢」を持った生物は、持たない生物より効率的に呼吸をすることができる。鳥は酸素濃度の薄い空中で生活しているため、このような呼吸システムに進化したと考えられる。

実は、恐竜も同じ呼吸システムを持っている。恐竜が誕生した三畳紀は、酸素濃度がかなり薄かったため、このシステムを持っているのだろう（117ページ）。

この二つの共通点から、鳥は恐竜の子孫という説は、もはや主流になりつつある。私たちの想像する恐竜とはかけ離れているが、現在も恐竜が生き延びていると考えると少しロマンがないだろうか。

第6章

人間の進化

脳の松果体に残るヒトの第三の目の痕跡とは?

ホモ・サピエンスが生き残った不思議

ホモ・サピエンス以外の人類

私たちがホモ・サピエンスというヒト属の一種であることは学校で習った通りだ。現在はホモ・サピエンスしか生き残っていないが、昔はそれ以外にも様々なヒト属が存在したと言われている。

ホモ・サピエンス以外の代表的なヒト属としてネアンデルタール人を挙げることができる。ネアンデルタール人は、体格もホモ・サピエンスより頑丈で、道具を使うこともできたため、ホモ・サピエンスよりも強かったと言われている。

一部のホモ・サピエンスとネアンデルタール人が交配したことから、日本人など人種によっては、ネアンデルタール人の遺伝子が2％ほど残っている。

しかし、種族としてのネアンデルタール人は現代まで生き残ることができなかった。では、なぜネアンデルタール人は滅び、ホモ・サピエンスは生き残ることができたのだろうか。

虚構を信じる力が大切

世界で注目を集めた『サピエンス全史』という本は、ホモ・サピエンスがどのように食物連鎖の頂点に立ったのかを解明したものである。

この中で、著者のユヴァル・ノア・ハラリは、ホモ・サピエンスが生き残った理由を「虚構を信じる事ができたから」と主張している。

ホモ・サピエンスは言語で意思疎通をすることで、架空の物事について語れるようになった。たとえば、宗教がその代表例だ。神話や神の存在などは、眼で見ることはできない。しかし、それを想像することで、同じ価値観を共有できる。

お金も重要な虚構の一種だ。お金は元々それ自体に価値はないが、食べ物と交換できるものという共通の虚構の概念をつくりあげることで、成り立っている。

このように、ホモ・サピエンスが虚構を信じられるようになったことを、ユヴァル・ノア・ハラリは「認知革命」と呼んだ。

なぜ、「認知革命」が起こったのかについては明らかになっていないが、これがきっかけでホモ・サピエンスは協力が可能になった。

私たちはお金のため、民主主義のため、神様のため、虚構のものを根拠に集団で生活している。それは、昔のホモ・サピエンスも同じ事だった。人が集まればマンモスも殺せたのだから、集団の力はとても強いことがわかるだろう。

さらに、虚構を信じる事で、実際に目に見えない危機を回避することもできる。たとえば、数百メートル先の害獣をある人が発見したとする。虚構を信じられなければ、その目撃談も信じる事ができない。しかし、虚構を信じる事で、目撃談から今後の対応を考えることができるのだ。

ネアンデルタール人は、頭脳も肉体も優秀な人類だった。ただ一点、認知革命が起きなかったことで協力関係がうまくいかず、絶滅してしまったのである。

人間が二足歩行を始めた理由

二足歩行は地上の生活が原因？

私たち人類がサルと同じ祖先から進化した、という話は有名だろう。その祖先はサルのように四足歩行だが、私たち人類は直立二足歩行に進化した。

直立二足歩行は、人類を語る上で非常に重要な問題だ。私たちが手を使って道具を操れるのも二足歩行だからである。脳が大きくなったのも、直立二足歩行で脳の重量を支えることができるからだ。

二足歩行がどのように誕生したかを研究することは、人類の進化を知るための今後の大きな課題と言えるだろう。

二足歩行への進化の原因についてはさまざまな説がある。有力な説は、「気候変動の影響で熱帯雨林が減少し、木から降りて地上で生活し始めたから」という説だ。

また、オランウータンが木の上で立ち上がって歩く姿が観察されたことから、樹木の上で生活する中で二足歩行になったという説もある。

いきなり二足歩行へ進化した?

従来は、人類が四足歩行から二足歩行へ進化する間に、ナックル歩行と呼ばれる段階があったと言われていた。ナックル歩行は、ゴリラやチンパンジーを思い出すとわかりやすいかもしれない。手の指の甲を地面に着けながら歩くことだ。

しかし、最近の研究では、人類はナックル歩行を経ずに、四足歩行からいきなり二足歩行になったのではないかと言われている。

最も有力な根拠は、最古の人類と呼ばれているラミダス猿人の化石から、ナックル歩行をしていた形跡が出なかったことだ。

ナックル歩行

京都大学の「チンパンジーとゴリラが、０歳から大人になるまでどのように歩き方を変化させるか」という分析結果から、チンパンジーとゴリラでは歩き方の成長に大きな共通点が見られなかったこともある。

もし、チンパンジーたちの共通の祖先がナックル歩行をしていたとすれば、何らかの共通点が見られるはずだ。つまり、チンパンジーたちの祖先は四足歩行をしており、ナックル歩行はチンパンジーたち独自の進化だったということになる。

なぜ人間だけ排卵期に関係なく性行為ができる？

交尾にかかるコストとは

人間は、排卵期に関係なくいつでも性行為している。だが、これは動物界の中ではとても奇妙なことだ。

大抵の動物は、自分自身の排卵期を知っており、そのことをサインでオスに知らせている。

逆に、妊娠する可能性のある排卵期にしか交尾はしない。交尾にはたくさんのデメリットがあるからだ。

まず、交尾にはコストと時間がかかる。精子をつくるにはエネルギーを消費するし、交尾する時間にエサを探すこともできる。

また、交尾している最中は非常に無防備なため、敵に襲われて殺される可能性も高まる。場合によっては、交尾自体が身体への負担になり、死に至ることもある。

性行為にはこれだけのデメリットがある。排卵期以外に性行為に及ぶのが愚かであることは一目瞭然だ。それでも、私たちが性行為に及ぶのはなぜだろうか。

子どもの存在がポイント

人間と他の動物の違いはたくさんあるが、その中でもこの問題を解決する鍵となるのは、乳幼児の自立の違いだろう。大抵の哺乳類は、乳離れした時点で自分で食べ物を調達できるようになる。手がかからないため、父親の手を借りなくても子育てができる。

しかし、人間の子どもはそうはいかない。乳離れしてからも10年程度は誰かに食べ物を用意してもらう必要がある。親の助けが必要不可欠なのだ。

つまり、父親の助けを借りるために、女性は排卵期を隠しているのだ。このことに関しては二つの説がある。

まず、一つ目は、ミシガン大学の生物学者であるリチャード・アリグサンダーとキャサリン・ヌーナンが唱えた説で、夫になるべく家にいてもらうためというもの。もし、女性の排卵時期が明白であった場合、夫は排卵時期だけ妻と性行為に及び、それ以外の日は外に出て別の女性と性行為をするだろう。妻は排卵日ではないので浮気の心配もない。

だが、排卵日を知らせないことで、男性はできるだけ多い回数、妻と性行為に及ばなければならない。また、いつが排卵日かもわからないので、浮気される恐れもある。自然と、夫が家にいる時間が長くなるのだ。

夫が家にいることで、子どもが自分の遺伝子を継いでいるという実感も湧き、子育てを促すこともできると考えられる。

もう一つの説は、人類学者のサラ・フルディが唱えた説で、子殺しを防ぐためというものだ。現在は当然禁止されているが、昔の人間社会では当たり前のように子殺しが行われていた。

他人の子どもを殺すことで、自身にとって脅威となる他の遺伝子を滅ぼすことができる。さらに、母親は子どもを失うので、その母親に自身の遺伝子を受精させることで、自分の子どもをつくることができる。

残酷な話だと思われるかもしれないが、自身の脅威を排除し、自分自身の遺伝子も後世に残すことができるため、一石二鳥なのである。

しかし、女性の排卵時期がわからないことで、女性は多くの男性と性行為することが可能になる。そして、産まれてくる子どもの父親が誰かわからなくなる。もしかしたら、自分が子どもの父親かもしれないと思わせることで、子殺しを防ぐことができるのである。

これらの説は女性が男性に排卵を隠すことで成立する。ただ、女性自身が排卵を知っているのに、男性を騙すのはかなり困難だ。夫婦関係となれば尚更である。

そこで、女性自身も排卵のタイミングがわからないように、完全に排卵期が隠されてしまったのである。

現在は一夫一妻制のシステムを採用する地域が多いため、子殺しを防ぐためというのは理解が難しいかもしれない。しかし、昔はハーレムや乱婚だったため、女性が排卵を隠すようになった。そのきっかけは、子殺しを防ぐためだったと考えられるのだ。その後、一夫一妻制になっても、役割を変えて排卵期は隠され続けているのかもしれない。

脳の松果体に残るヒトの第三の目の痕跡とは？

人間に残る退化の痕跡

他の生物と同じように、人間も進化して現在の姿になった。さまざまな器官が退化したが、その痕跡は人間の身体に確かに残っている。

人間の脳の松《しょう》果《か》体《たい》という部位も、退化の痕跡の一つだ。

私たちは、鳥や犬などを見慣れているせいで、生物の目が二つであることは当たり前だと思っている。しかし、実は脊椎動物の元をたどると、生物の目は頭上にもあったことがわかる。三ツ目の生物は決して想像上のものではないのだ。

現在でも、トカゲには第三の目が残っている。頭の上に目があるので「頭《とう》頂《ちょう》眼《がん》」と呼ばれており、太陽光を認識する器官となっている。

しかし、人間を初めとして、頭の働きが活発になった脊椎動物は、大脳半球が膨れたため、頭頂眼は完全に覆われてしまったのだ。

人間の場合、頭頂眼は目としての役割を失い、松果体という部位になったが、光を感知するという役割は未だに残っている。

朝に太陽光を浴びることで目から光を感知し、体内時計を切り替えて、規則正しい生活をおくれるように調整する機能を持っているのである。

耳には魚のエラの痕跡が残っている

飛行機が上昇するときに、耳が詰まった経験はないだろうか。これは、外耳道《がいじどう》という鼓膜までの気道の気圧が高くなっているのに対して、鼓膜の中の鼓室《こしつ》の気圧が低いままだからである。

このようなとき、私たちはつばを飲み込むことで症状を治すことができる。喉と鼓室をつないでいる耳管が広がることで、鼓室の気圧を調節するからだ。

実は、喉と耳がつながっているのも、私たちが他の生物から退化をした証だ。耳とはそもそも魚のエラの退化した形だったのだ。

魚のエラにはエラ蓋と呼吸孔があるが、陸上に上がる進化の過程で、エラとエラ蓋は消失する。しかし、呼吸孔だけは残り、そこに鼓膜がはられることになる。両生類や爬虫類の場合、鼓膜は身体の表面にある。しかし、哺乳類には外耳道ができたため、現在のような姿になっている。つまり、耳とは元をたどると、エラ呼吸をするための孔だったのだ。

エラの中には鰓嚢《さいのう》と呼ばれる小部屋があり、それが後に鼓室となる。元々、鰓嚢と咽頭はつながっていたが、鰓嚢が鼓室になるとくびれてしまい、そこが現在の耳管と呼ばれる箇所となる。

たまに、耳瘻孔《じろうこう》という第2の耳を持って生まれる人間がいる。そのような人は、その穴から臭い液体がしたたり落ちてしまうこともあるという。これは、本来魚から退化してなくなった器官が復活してしまったためと考えられる。

自分たちが魚から進化したと信じられない人も、自分の身体の秘密を知ることで、その歴史を垣間見ることができるのではないだろうか。

人間の血液型が複数あるのは奇跡？

血液型は20世紀初頭に発見された

A型は几帳面、O型はおおざっぱといった血液型占いを、誰しも耳にしたことがあるのではないだろうか。血液型による性格分析に科学的な根拠はないが、それだけ血液型は私たちにとって身近な存在である。私たちは血液型が複数あることを当たり前だと思っているが、実はこれは生物界ではとても珍しいことなのである。

そもそも、血液型とは何だろうか。現在の血液型の分類法をＡＢＯ式血液型と呼ぶ。20世紀初頭に発見され、浸透していった。

怪我等をして輸血をする際は、基本的に同じ血液型同士しか輸血ができない。細胞の表面の糖が連なった糖鎖という物質が原因だ。

A型の遺伝子の糖鎖にはNアセチルガラクトサミンという糖がついており、B型遺伝はガラストークという糖がついている。O型は糖をもっていない。自分の血液型以外の血液の持っている糖が、身体にとって異物になってしまうため、違う血液型の輸血は基本的にできないのだ。例外はO型。糖を持たないため、他の血液型の人にも輸血が可能なのである。逆に、AB型の人は両方の糖を持っているため、どの血液型の輸血も受けることができる。

遺伝子は塩基という物質によって構成されており、個体によって違うタイプの塩基配列をもっている生物がいる。そのような生物を「遺伝子多型」と呼ぶ。

人間のABO式血液型も、「遺伝子多型」の一種だ。A型の人間とB型の人間では、遺伝子の塩基配列が異なるのである。

人間の塩基配列を解析すると、ABO式血液型の歴史はかなり長いことがわかる。人間にABO式血液型が生じたのは、人間とチンパンジーが分岐した少し後だそうだ。これだけ長い期間、遺伝子多型が維持されることは生物界ではほとんどない。かなりのレアケースなのである。

遺伝子多型が受け継がれにくいわけ

遺伝子多型は、通常長い世代で維持されない傾向にある。遺伝的浮動という遺伝子多型を減らす圧力が働くからだ。

それでも、人間が遺伝子多型を維持しているのは偶然とは思えない。何らかの特別な力が働いていると考えるべきだろう。今のところ、人間の遺伝子多型が維持されている理由は明らかになっていない。

遺伝子研究者の髙橋文は、遺伝子多型が保たれる理由は、自然選択が働いているからではないかと主張する。遺伝子多型が維持される場合で、古くから知られている代表的な例として、免疫系遺伝子の多型がある。外部から侵入する多様な抗原に対して、多様な抗原認識部位が必要なのだ。

ABO式血液型の違いも糖鎖の種類なので、免疫系と無関係ではないかもしれないと髙橋は主張する。糖鎖のないO型も、最近の研究で膵臓がんになりにくいという報告があったことから、何らかの原因で有利となる場面があるのかもしれない。

調理したから人間はより賢くなった？

調理は人間特有の行動

私たちの生活に調理は必要不可欠だ。牛肉や豚肉を食べる際に、焼かずに生のまま食べてしまえば、お腹を壊すことだろう。

しかし、自然界を見渡してほしい。果たして、人間以外に調理を行っている動物はいるだろうか。調理とは人間特有の行動なのである。

ハーバード大学のランガム教授は、この調理こそが人間を現在のように進化させたと主張する。

ランガム教授がまず目をつけたのが、調理には必ず火が使われていたという事実だ。人間はかつて地面の上で寝ていたが、火がなければ野生生物に襲われてしまうかもしれない。

ランガム教授は、人間に近い存在であるチンパンジーの食事を実際に食べてみることもしている。とてもまずく人間では満足できない食事だと感じたという。

調理で脳が大きくなった？

化石記録から、人間の頭蓋骨の容量が増えたのは200万年前からであることが判明している。

大きな脳を維持するのには、多くのエネルギーが必要だ。この点でも調理は大きな力となった。調理で腸への負担が軽くなるため、その分のエネルギーを脳に振り分けることができたのである。

さらに、加熱したほうがより食物から得られるエネルギーが大きくなる点も見逃せない。人間は調理とともに進化してきたと言えるかもしれない。

【参考文献】

・『カラー図解　進化の教科書　1～3巻』カール・ジンマー、ダグラス・J・エムレン［著］更科功、石川牧子、国友良樹［訳］（講談社）
・『生物40億年全史　上・下』リチャード・フォーティ［著］渡辺政隆［訳］（草思社）
・『マンモス　ー絶滅の謎からクローン化までー』福田正巳［著］（誠文堂新光社）
・『マンモス絶滅の謎』ピーター・D・ウォード［著］犬塚則久［訳］（ニュートンプレス）
・『眼の誕生　カンブリア紀大進化の謎を解く』アンドリュー・パーカー［著］渡辺政隆、今西康子［訳］（草思社）
・『サピエンス全史　文明の構造と人類の幸福　上・下』ユヴァル・ノア・ハラリ［著］芝田裕之［訳］（河出書房新社）
・『ニホンオオカミは消えたか？』宗像充［著］（旬報社）
・『なぜオスとメスがあるのか』リチャード・ミコッド［著］池田晴彦［訳］（新潮社）
・『凍った地球　スノーボールアースと生命進化の物語』田近英一［著］（新潮社）
・『遺伝子が語る生命38億年の謎　なぜゾウはネズミより長生きか？』国立遺伝学研究所［編］（悠書館）
・『キリンの首はなぜ長いのか　動物進化の謎にせまる』実吉達郎［著］（PHP研修所）
・『ドードーの歌　美しい世界の島々からの警鐘　上・下』デイビット・クォメン［著］鈴木主税［訳］（河出書房新社）
・『生命の歴史　進化と絶滅の40億年』マイケル・J・ベントン［著］鈴木寿志、岸田拓士［訳］（丸善出版）
・『繰り返す大量絶滅　地球を丸ごと考える7』平野弘道［著］（岩波書店）
・『恐竜はなぜ鳥に進化したのか　絶滅も進化も酸素濃度が決めた』ピーター・D・ウォード［著］垂水雄二（文藝春秋）
・『生物進化を考える』木村資生［著］（岩波書店）
・『クモはなぜ糸をつくるのか？　糸と進化し続けた四億年』レスリー・ブルネッタ、キャサリン・L・クレイグ［著］宮下直［監修］三井恵津子［訳］（丸善出版）
・『絶滅動物データファイル』今泉忠明［編］（祥伝社）
・『三葉虫の謎　「進化の目撃者」の驚くべき生態』リチャード・フォーティ［著］垂水雄二［訳］（早川書房）

・『意識の進化的起源　カンブリア爆発で心は生まれた』トッド・E・ファインバーグ、ジョン・M・マラット［著］鈴木大地［訳］（勁草書房）
・『シーラカンスの謎　陸上生物の遺伝子を持つ魚』安倍義孝、岩田雅光［著］（誠文堂新光社）
・『「進化」の地図帳』おもしろ生物学会［編］（青春出版社）
・『大量絶滅がもたらす進化　巨大隕石の衝突が絶滅の原因ではない？絶滅の危機がないと生物は進化を止める？』金子隆一［著］（SBクリエイティブ）
・『「退化」の進化学　ヒトにのこる進化の足跡』犬塚則久［著］（講談社）
・『6度目の大絶滅』エリザベス・コルバート［著］鍛原多恵子［訳］（NHK出版）
・『日本列島にいたオオカミたち』橋本伸［著］（本の泉社）
・『脳はなぜ心を作ったのか「私」の謎を解く受動意識仮説』前野隆司［著］（筑摩書房）
・『人間の性はなぜ奇妙に進化したのか』ジャレド・ダイアモンド［著］長谷川寿一［訳］（草思社）
・『別冊日経サイエンス219　人類への道　知と社会性の進化』篠田謙一［編］（日経サイエンス社）
・『進化とはなんだろうか』長谷川眞理子［著］（岩波書店）
・『オウムガイの謎』ピーター・D・ウォード［著］小畠郁生［監訳］（河出書房新社）
・『利己的な遺伝子　40周年記念版』リチャード・ドーキンス［著］日高敏隆、岸由二、羽田節子、垂水雄二［訳］（紀伊國屋書店）
・『生物はなぜ誕生したのか　生命の起源と進化の最新科学』ピーター・ウォード、ジョセフ・カーシュヴィンク［著］梶山あゆみ［訳］
・『ナショナル　ジオグラフィック』（日経ナショナル　ジオグラフィック社）

【参考ホームページ】

・NASA
・国立科学博物館
・NHK
・TED
・京都新聞

青春文庫

生《い》きもののすごい話《はなし》

絶滅《ぜつめつ》と進化《しんか》のサバイバル

2018年 8月20日 第1刷

編　者 おもしろ生物学会《せいぶつがっかい》

発行者 小澤源太郎

責任編集 株式会社プライム涌光

発行所 株式会社青春出版社

〒162-0056 東京都新宿区若松町 12-1
電話 03-3203-2850 (編集部)
03-3207-1916 (営業部)
振替番号 00190-7-98602

印刷／大日本印刷
製本／ナショナル製本

ISBN 978-4-413-09703-1

この一冊で面白いほど人が集まるSNS文章術

思わず読みたくなる文章の書き方から、ネタ探し・目のつけドコロ、楽しく続けるためのSNS疲れ対策までまるごと伝授！

前田めぐる

(SE-692)

謎が謎を呼ぶ！名画の深掘り

《恋文》フェルメール、《睡蓮》モネ、《南天雄鶏図》伊藤若冲…。画家と作品に隠されたストーリーを巡る旅！

美術の秘密鑑定会［編］

(SE-693)

新しい経済の仕組み「お金」っていま何が起きてる？

知らないところではじまっている〝お金革命〟。知らないとソンするポイントが5分でわかります！

マネー・リサーチ・クラブ［編］

(SE-694)

誰もが知りたくなる！パワースポットの幸運ガイド

運を呼び込む！力がもらえる！神社、お寺、山、島、遺跡……〝聖なる場所〟の歩き方。

世界の不思議議を楽しむ会［編］

(SE-695)